我的动物朋友

侯红霞⊙编著

奇趣昆虫王国

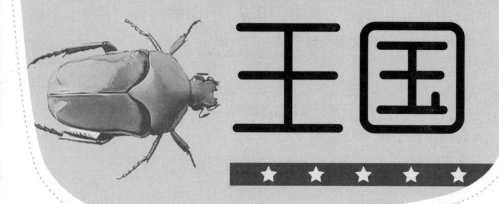

★ ★ ★ ★ ★

体验自然，探索世界，关爱生命——我们要与那些野生的动物交流，用我们的语言、行动、爱心去关怀理解并尊重它们。

延边大学出版社

图书在版编目（CIP）数据

奇趣昆虫王国 / 侯红霞编著 . —延吉 : 延边大学
出版社 , 2013 . 4（2021 . 8 重印）
（我的动物朋友）
ISBN 978-7-5634-5543-0

Ⅰ . ①奇…　Ⅱ . ①侯…　Ⅲ . ①昆虫—青年读物 ②昆虫
—少年读物　Ⅳ . ① Q96-49

中国版本图书馆 CIP 数据核字 (2013) 第 087034 号

奇趣昆虫王国

编著：侯红霞

责任编辑：孙淑芹

封面设计：映像视觉

出版发行：延边大学出版社

社址：吉林省延吉市公园路 977 号　邮编：133002

电话：0433-2732435　传真：0433-2732434

网址：http://www.ydcbs.com

印刷：三河市祥达印刷包装有限公司

开本：16K　165×230

印张：12 印张

字数：120 千字

版次：2013 年 4 月第 1 版

印次：2021 年 8 月第 3 次印刷

书号：ISBN 978-7-5634-5543-0

定价：36.00 元

前　言

　　人类生活的蓝色家园是生机盎然、充满活力的。在地球上，除了最高级的灵长类——人类以外，还有许许多多的动物伙伴。它们当中有的庞大、有的弱小，有的凶猛、有的友善，有的奔跑如飞、有的缓慢蠕动，有的展翅翱翔、有的自由游弋……它们的足迹遍布地球上所有的大陆和海洋。和人类一样，它们面对着适者生存的残酷，也享受着七彩生活的美好，它们都在以自己独特的方式演绎着生命的传奇。

　　在动物界，人们经常用"朝生暮死"的蜉蝣来比喻生命的短暂与易逝。因此，野生动物从不"迷惘"，也不会"抱怨"，只会按照自然的安排去走完自己的生命历程，它们的终极目标只有一个——使自己的基因更好地传承下去。在这一目标的推动下，动物们充分利用了自己的"天赋异禀"，并逐步进化成了异彩纷呈的生命特质。由此，我们才能看到那令人叹为观止的各种"武器"、本领、习性、繁殖策略等。

　　例如，为了保住性命，很多种蜥蜴不惜"丢车保帅"，进化出了断尾逃生的绝技；杜鹃既不孵卵也不育雏，而采用"偷梁换柱"之计，将卵产在画眉、莺等的巢中，让这些无辜的鸟儿白费心血养育异类；有一种鱼叫七鳃鳗，长大后便用尖利的牙齿和强有力的吸盘吸附在其他大鱼身上，靠摄取寄主的血液完成从变形到产卵的全过程；非洲和中南美洲的行军蚁能结成多达1000万只的庞大群体，靠集体的力量横扫一切……由此说来，所谓的狼的"阴险"、毒蛇的恐怖、鲨鱼的"凶残"，乃至老鼠令人头疼的高繁殖率、蚊子令人讨厌的吸血性等，都只是自然赋予它们的一种独特适应性而已，都是它们的生存之道。人是智慧而强有力的动物，但也只是自然界的一份子，我们应该用平等的眼光去看待自然界中的一切生灵，而不应时刻把自己当成所谓的万物的主宰。

人和动物天生就是好朋友，人类对其他生命形式的亲近感是一种与生俱来的天性，只不过许多人的这种亲近感被现实生活逐渐磨蚀或掩盖掉了。但也有越来越多的人，在现实生活的压力和纷扰下，渐渐觉得从动物身上更能寻求到心灵的慰藉乃至生命的意义。狗的忠诚、猫的温顺会令他们快乐并身心放松；而野生动物身上所散发出的野性特质及不可思议的本能，则令他们着迷甚至肃然起敬。

衷心希望本书的出版能让越来越多的人更了解动物，更尊重生命，继而去充分体味人与自然和谐相处的奇妙感受。并唤起读者保护动物的意识，积极地与危害野生动物的行为作斗争，保护人类和野生动物赖以生存的地球，为野生动物保留一个自由自在的家园。

编　者

2012.9

奇趣昆虫王国

目 录

第一章　在空中生活的昆虫

第二章　在地面生活的昆虫

第三章　在地下生活的昆虫

第五章 寄生性昆虫

第一章

在空中生活的昆虫

那些在空中活动的昆虫，它们一般在白天进行迁移扩散，寻捕食物，求偶和选择产卵场所活动。成虫期具有发达的翅膀，通常有发达的口器，成虫寿命比较长，如蜜蜂、苍蝇、蚊子、蝴蝶等。

雍容华贵——美凤蝶

中文名：美凤蝶

英文名：Papiliomemnon

别称：多型凤蝶

分布区域：中国四川、云南、湖北、湖南、浙江、江西、海南、广东、广西、福建、台湾；日本、印度、缅甸

　　美凤蝶的色彩斑纹和形态多种多样，因此被人们称为"多型蓝凤蝶""多型美凤蝶"。它雌雄异型。它的英文名中的"memnon"原指希腊神话中的埃塞俄比亚国王，这足以显示出美凤蝶的雍容华贵。雄性美凤蝶色彩斑纹差不多，但雌蝶的色彩斑纹却变化多端，有着很大的差异。如有的雌蝶具有尾突，有的雌蝶没有尾突。

　　美凤蝶是雌雄异体及雌性多型昆虫。雄美凤蝶体、翅都是黑色。前、后翅基部颜色很深，具有天鹅绒状光泽，翅脉纹两侧为蓝黑色：翅反面前翅中室基部是红色，脉纹两侧灰白色；在其后翅基部，有4个形状不同的红斑，亚外缘区分布有2列环形斑列，由蓝色鳞片组成，但环形斑列轮廓不太明显；臀角有环形或半环红斑纹，内侧有弯月型的红斑纹，没有尾突。雌性无尾突型前翅基部呈现黑色，中室基部为红色，脉纹及前缘是黑褐色或黑色的，脉纹两侧有的是灰褐色，有的是灰黄色。后翅基半部黑色，端半部为白色，被脉纹分割成长三角形斑，亚外缘区为黑色，外缘波状，臀角及其附近长有长圆形黑斑。它的反面前翅与正面几乎相同；后翅基部有4个形状不同的红斑，其余的与正面几乎相同。

　　国产雄性美凤蝶只有1种类型，雌性美凤蝶分为有尾和无尾两种类型，但是白斑在雌性美凤蝶体上的分布并不都是完全一样的，还有雌性美凤蝶上翅也是白色的。

　　雄性美凤蝶的翅背呈蓝黑色，翅底颜色很浅，翅膀基部长有红色斑块。没有翅尾，个头比雌性美凤蝶小。美凤蝶经常在高处疾飞，使人很难接近。雌性美凤蝶没有尾型，翅膀颜色较浅，后翅边缘长有一列黑斑和较大的白斑。翅膀基部长有红斑。翅膀拍得很慢，善于滑翔，相对来说比较好接近。

　　成年美凤蝶喜欢采花蜜。雄性美凤蝶有很强的飞翔能力，很活泼，它们大多喜欢在旷野中狂飞。雌蝶飞行比较缓慢，经常滑翔式飞行。在台湾，美凤蝶亚种从平地遍布到海拔2500米的高山。一年发生3代以上，以蛹越冬。美凤蝶成虫全年都有，主要发生期为3～11月。卵期4～6天，幼虫期21～31天，蛹期12～14天。成虫会在寄主植物的嫩枝上或叶背面产卵，老熟幼虫化蛹时，会选择寄主植物的细枝或附近的其他植物。美凤蝶成虫经常在庭院花丛中，按固定的路线飞行，形成蝶道。

国产珍蝶——中华虎凤蝶

中文名：中华虎凤蝶

英文名：Luehdorfia chinensis

别称：惊蛰蝶

分布区域：中国、日本和朝鲜半岛

在我国长江南岸，每年到了早春3月，人们就会看到一种凤蝶在翩翩起舞，它中等个头，颜色鲜艳，翅面长有黄底黑条斑纹，就像虎斑一样。这就是在我国久负盛名的珍蝶——中华虎凤蝶。由于它出现在惊蛰前后，所以也有人叫它为惊蛰蝶。中华虎凤蝶是二级保护动物，也是中国独有的一种野生蝶，由于其独特性，所以像大熊猫一样珍贵，被昆虫专家誉为"国宝"。

中华虎凤蝶雄蝶体长15～17毫米，平均16.2毫米，翅展58～64毫米，平均60.8毫米；雌蝶体长17～20毫米，平均18.6毫米，翅展59～65毫米，平均62.2毫米。翅黄色，间有黑色横条纹(黑带)，亦称横纹蝶。除翅外，整体黑色，密被黑色鳞片和细长的鳞毛。在各腹节的后缘侧面，有一道细长的白色纹。

中华虎凤蝶与其他蝶类不同。在前翅基部及后翅内缘，长着浓密的淡黄色鳞毛。在前翅正面的基部边缘，有3条黑色的横带，另外，还有两条短黑带夹杂在中间，在中室的后缘终止。前翅外缘是曲线形，长有一列外缘黄色斑，接近翅尖的第一个黄色斑与翅尖后面的7个黄色斑整齐排列，没有错位。中华虎凤蝶有波浪形的黑色后翅外缘，中间长着4个很小的青蓝色斑点，能够发出

　　金属光泽，在中华虎凤蝶臀角处，也长着一个颜色相同的臀眼斑。在青蓝色斑的外侧，还长着4个黄色半月斑。亚外缘有5个发达的连成带状的红色斑，还长有细小的黑色斑。中室的黑带分离成两段。尾突长度约为后翅的15％，很短。除尾突处外，其后翅缘毛均呈黄色。

　　在一些林缘地带，光线较强而湿度不大，非常适合中华虎凤蝶栖息。中华虎凤蝶没有较强的飞翔能力，也不像其他凤蝶那样，能够沿着山坡飞越山顶，它只能在特定的狭小的地域内进行活动。中华虎凤蝶是狭食性动物，经常会到蒲公英、紫花地丁及其他堇科植物上采蜜，有时还会飞到田间油菜花或蚕豆花上采蜜。日落前后，中华虎凤蝶就会栖息在低洼沼泽地段的枯草丛中。中华虎凤蝶体表鲜艳的色彩和条纹形成的警戒色，可以起到警示敌害的作用，还可以使其在枯草丛中不被天敌发现。

　　中华虎凤蝶是完全变态的昆虫，年生一代，它的一生，要经历卵、幼虫、蛹、成虫4个成长阶段。中华虎凤蝶成虫出现较早，每年3月上旬，就会从隐蔽地点的越冬蛹中羽化出来。这时蛹壳裂成两大片，一小片，成虫爬出蛹壳，但是此时它的翅是紧紧裹在躯体上的。当它爬出蛹壳时，胸部就伸出6只足，触角慢慢地展开，这个变化过程总共需要50多个小时。羽化后就开始与雌性交配。

交配后的雌性中华虎凤蝶，尾端会长出棕色薄圆片，直径约有5毫米，这叫做交配衍生物。它可以防止雄雌中华虎凤蝶进行再次交配，至今，人们对这种阻止再次交配的机理还不清楚。雄性中华虎凤蝶和雌性中华虎凤蝶的比例约为1：4，由于雄性中华虎凤蝶数量很少，而雌性中华虎凤蝶又有交配衍生物，所以雄性中华虎凤蝶可以交配多次。雄性中华虎凤蝶的寿命一般为17～20天，3～4月初，雄性中华虎凤蝶就会全部消失。雌性中华虎凤蝶的寿命一般为22～25天，4月上、中旬，雌性中华虎凤蝶产完卵后就会死去。

蝶中帝王——黑脉金斑蝶

中文名：黑脉金斑蝶
英文名：Monarch Butterfly
别称：帝王蝶、大桦斑蝶
分布区域：北美洲、南美洲及西南太平洋

　　黑脉金斑蝶，又称大桦斑蝶和帝王蝶，它是一种美丽的大型蝴蝶，全长达9厘米，橙色和黑色花纹相间，帝王相十足。

　　每年冬天来临的时候，它们便聚集在一起，舒展着美丽的翅膀，飞向蓝天，开始长途跋涉，自美国、加拿大往南迁移至墨西哥森林过冬。来年春回大地，北美的乳汁草逐渐复苏盛开时，它们便从冬眠中醒来，开始进行交配，此时雌蝶把雄蝶抛开，集体朝北疾飞，寻找乳汁草，在这种幼嫩的植株上产卵。到3月末，它们到达美国的德克萨斯州，然后再飞到佛罗里达州。此时，它们因长途跋涉和产卵，消耗了大量能量，筋疲力尽，走到了生命的尽头。但不久之后，新生的黑脉金斑蝶便可以继续踏上父辈们未完成的旅程了。

　　让人惊讶的是，在经历了先后4代长达6万多千米的长途跋涉之后，新一代的黑脉金斑蝶在飞回墨西哥过冬时，居然能够奇迹般地找到自己祖先曾居住过的那棵树。关于这个现象，科学家们至今也未能做出科学的解释。

　　黑脉金斑蝶不只有着谜一样的生活习惯，还有着许多有趣的故事。据说，它在破蛹化蝶的时候需要从一个很小的缝隙里爬出，以至于很多黑脉金斑蝶在这个过程中成为"飞翔"的殉葬品。如果有人想帮助黑脉金斑蝶，把茧弄个开口的话，黑脉金斑蝶倒是能很轻松地出茧，不过它们却永远失去了飞翔

的能力。这些不会飞的黑脉金斑蝶们，终其一生只能拖着一对与身体完全不成比例的大翅膀蹒跚而行，痛苦地死去。因为黑脉金斑蝶只有在经过了蛹上那个狭小的缝隙对自己身体的挤压，才能把养分输送到翅膀的末端；也只有通过这种挤压，才能使两翼充血，才能拥有一对翱翔于蓝天的有力的翅膀。

　　迁徙是自然界中最令人敬畏的事件之一，参与其中的个体数量和旅行的距离往往异常惊人。对于生活在季节变化明显地区的动物而言，它们有两种生存选择：在居住地应付恶劣的气候，或者移居到其他条件更适宜的地区。在许多情况下，迁徙还能提高新生幼崽的存活率。许多鱼类、鸟类和哺乳动物都做长距离迁徙，然而黑脉金斑蝶是如此微小而脆弱，它们长达3500千米的旅程可以算是其中非常英勇的。整个迁徙的过程对我们来说还非常神秘，有待于进一步研究。

　　从卵发育为蝴蝶，黑脉金斑蝶通常需要1个月的时间。卵先孵化为长有明显黑、黄、白条纹的毛虫，然后它迅速长大，两周后即准备化蛹。在成年蝴蝶脱茧之前，我们可以透过茧壳，清晰地看到它独特的翅膀颜色。

　　大多数黑脉金斑蝶的成虫阶段非常短暂，只有2～6周左右，它们在美国北部至加拿大的摄食区度过自己的夏季时光。然而那些在夏末出生的蝴蝶则完全不同。这些蝴蝶会向南进行伟大的旅行，飞到墨西哥城附近的山脉过冬。当第二年春天到来时，它们交配、产卵并开始踏上返回北方的旅程，最终在大约8个月时死去。

蝶中皇后——金斑喙凤蝶

中文名：金斑喙凤蝶

英文名：Trilobed lip barbel

分布区域：中国海南、广东、福建、浙江、广西

在我国，梁山伯与祝英台的故事可以说是妇孺皆知，故事的结尾，二人变成了翩翩起舞的美丽蝴蝶。世间蝴蝶有很多种，那么他们最后究竟化成了什么样的蝴蝶呢？这个问题听起来有点奇怪，而且各个地方都有不同的说法。不过，有一点是一样的，梁祝蝶都是雌雄异形蝶。

每到农历三月二十八，即传说中梁祝殉情化蝶双飞的日子，江苏宜兴的善卷风景区就会出现很多蝴蝶双飞的自然奇观，而当地人也把成双成对在花间飞翔追逐的玉带凤蝶当做梁祝蝶。玉带凤蝶是雌雄异型，雄蝶后翅有一串白斑，酷似古代官员腰间所佩的玉带；雌蝶后翅星星点点排列着大小红白相间的斑纹，如女孩子裙子上红斑点缀的裙边。而在广东一带，人们则以美凤蝶作为梁祝蝶。美凤蝶也是雌雄异型，雄蝶的蝶翅蓝黑色看起来十分庄重，雌蝶的蝶翅天生似丽裙。丝带凤蝶是江苏扬州一带所说的梁祝蝶。这一种蝶也是雌雄异型，雄蝶白色翅浅，略显透明，雌蝶色深显黑，后翅装点红色斑点，飞行缓慢，潇洒飘逸。

在众多雌雄异型蝶中，最典型的当属我国的金斑喙凤蝶。它常穿梭于高空和花丛中，姿态优美，被世界蝴蝶专家誉为"梦幻中的蝴蝶"。它们翅上的鳞粉闪烁着幽幽绿光，前翅上各有一条弧形金绿色的斑

带，后翅中央有几块金黄色的斑块，犹如光彩照人的"贵妇人"。因此，人们又称它为"蝶中皇后"。

雄蝶有着黑褐色的底色，身体和翅膀都呈翠绿色，前翅有一条黑色斜带，外缘有两条平行的黑带；后翅外缘呈齿状，内外有金黄色斑纹和翠绿色月牙形斑纹。这也就是金斑喙凤蝶名字的由来。雌蝶后翅有五边形白色大斑，尾突细长。

金斑喙凤蝶是很有灵性的一种蝶，但这些美丽的精灵不属于任何人，它们是属于大自然的。当它被人类捉住时，会扇动自己美丽的大翅膀，刹那间羽翼破碎残缺不全。金斑喙凤蝶是国宝级的珍稀蝴蝶，被国家林业局定为一级保护动物，列入《国家重点保护野生动物名录》。为了保护国家重点保护动物，我国对非法猎杀金斑喙凤蝶的行为采取严厉的惩罚措施。非法捕杀一只即可立案，3只就属于重大案件，6只便属于特大案件。为了让金斑喙凤蝶保持一对完整而美丽的翅膀，人类是该停止捕获的脚步了。

纷舞妖姬——台湾凤蝶

中文名：台湾凤蝶
英文名：Papilio thaiwanus
分布区域：中国台湾

台湾凤蝶从它的名字就可以看出，是台湾岛特有品种，仅分布于我国台湾岛。新产的卵呈乳黄色，卵在幼虫形成过程中黄色会加深，转为黄褐色，最后卵壳呈半透明状，中间隐约的黑色物体即是幼虫。

从外在形态上看，台湾凤蝶的翅展8～10厘米。凤蝶有一对又大又鲜艳的粉翅，粉翅的颜色有红、黄、青、白、黑等，构成各种美丽的花纹。有尾型台湾凤蝶在后翅上表面基部有一团白色条斑，外缘则有一排橘色条斑。凤蝶不仅漂亮，舞姿也十分飘逸轻灵。它的双翅在阳光下还可以闪闪发光！花丛中，小溪旁，它们三五只相邀，忽上忽下，忽左忽右，在阳光下追逐飞舞，与红花碧水相映成趣，构成一幅绚丽的图画，惹人喜爱。

从生物习性上看，雄蝶每天要做6件事：交尾、吸蜜、吸水、驱赶竞争对手、躲避捕食和休息。雌蝶则特别喜欢访花吸蜜。台湾凤蝶一年发生4～5代，幼虫以芸香科的食茱萸和樟科的樟树等植物为食。

在台湾所有的凤蝶中，金凤蝶最漂亮。金凤蝶主产于兰屿，它长有金黄色的双翅，仿佛镀上了一层薄薄的黄金，在阳光下闪耀着眩目的光彩，是凤蝶中的极品。

曾经有一只变种凤蝶出现在台湾。据说，全世界这种变种凤蝶只出现过

10只，极其珍贵。因为台湾的这只变种凤蝶是著名的蝶类专家陈维寿先生发现的，所以它被学术界命名为"维寿凤蝶"。

陈维寿还曾发现过另外一种特殊的凤蝶，它雌雄同体。最为有趣的是，根据它的双翅，可以区分出雌蝶与雄蝶的不同形态。这种凤蝶就像是能工巧匠精心制作出来的一样，根本不像天生的。学术界认为，这种蝴蝶弥足珍贵，是蝶类中的无价之宝。

虽然凤蝶在世界上别的地区十分罕见，但是在台湾却并不稀罕。有一种被称作"天然纪念物"的青斑凤蝶，在许多国家已濒临绝种，严禁人们捕捉，但在台湾却到处都是，人们经常能看到它飞舞的身姿。

蓝色忧伤——卡纳蓝蝴蝶

中文名：卡纳蓝蝴蝶

英文名：Lycaeides melissa samuelis

分布区域：全世界

卡纳蓝蝴蝶属灰蝶科，体型非常小巧，轻盈，且色彩艳丽。其飞行的速度比较快，在飞行过程中，彩虹色的闪光翅膀尤为美丽。仔细观察，卡纳蓝蝴蝶像蛾一样，翅膀、身体和脚都覆盖着像尘土一样的鳞片，碰一碰就会掉下来。也正是这些鳞片，让卡纳蓝蝴蝶拥有着明亮而醒目的色彩。和其他科属的蝴蝶一样，卡纳兰蝴蝶一般比较喜欢在白天活动，这可能是由于想要炫耀一下自己美丽的翅膀的缘故吧。

除了翅膀外，卡纳蓝蝴蝶还有一个很显著的特点，就是它有一个像小鼓棒一样的触角，当它飞累了，想停下来休息的时候，翅膀就会竖在背上，而小鼓棒一样的触角看起来就特别醒目。

雄性卡纳蓝蝴蝶和雌性卡纳蓝蝴蝶在外观上略有不同，雄性的前足因为有些退化，所以看起来比较短小，但雌性的前足却发育的很好。所以，一般判断卡纳蓝蝴蝶的性别，就主要是看前足了。

地球上能够有像卡纳蓝蝴蝶这样的生物，真是大自然造物的神奇之处。它们是蝴蝶中的绝色，也是蝴蝶中的一抹绝殇，因为美丽为它们带来了灾难。

由于人类的肆意捕获以及大自然的灾害，使得以卡纳蓝为代表的多种蓝蝴蝶濒临灭绝。整个英国范围内，蝴蝶的数量在近10年内下降了85%，气候

变化、工农业及城市化的发展把蝴蝶逼到了绝路。据相关部门的不完全统计，现在全球范围内，天然草地面积已经下降了97％；松柏类植物和阔叶林的大量种植也大大减少了花朵的数量；高速公路的延伸和城市发展同样加速了昆虫的灭绝。气候变化对蝴蝶的飞行、觅食和交配均造成了非常大的影响。理论上，适度的全球气候变暖对蝴蝶的繁衍生息是有益的。但是，现在全球变暖的程度已经超出了蝴蝶所能生存的程度，平日倍受蝴蝶喜爱的阳光，还有温暖的气候，已经把大量的蝴蝶逼到了越来越靠北的地方。如果照这样的速度发展下去，美丽的蓝蝴蝶将永远从地球上消失。它终将会成为人类永远都不可能再次拥有的"一抹淡蓝色的忧伤"。

无头不死——菜粉蝶

中文名：菜粉蝶

英文名：cabbage butterfly

别称：菜青虫

分布区域：世界各国

在广西各地，生活着一种蝶，即菜粉蝶，又称菜青虫。它的寄主植物有十字花科、菊科、旋花科、百合科、茄科、藜科、苋科等9科35种，对十字花科蔬菜危害极大，其中芥蓝、甘蓝、花椰菜等受害比较严重。不仅广西，在我国的其他地方，也都生活着菜粉蝶，菜粉蝶对药材也有严重的危害。以板蓝根受害最严重，菜粉蝶幼虫会把叶片吃成缺刻和孔洞，严重时甚至会把全叶吃光，仅剩叶脉和叶柄，从而造成板蓝根产量迅速下降。菜粉蝶很早就出来活动，北方每到早春，人们见到的第一只蝴蝶常常就是菜粉蝶。

蝴蝶虽小，五脏俱全，在它们的体内也像脊椎动物那样，具有消化系统、呼吸系统、循环系统、生殖系统等等一系列的内脏系统，来从事有机体的新陈代谢活动，还有肌肉系来做各种生活活动。此外，同样还需要一个结构更为复杂的神经系统来控制它们，使之能够协调发挥作用，以便和周围环境取得更为密切的联系和更好的适应，从而达到生存的目的。

大家知道，脊椎动物的神经中枢为脑，它们的感觉运动都集中于脑，脑一受损，则各部机能立即受到影响。不要说是人、猿、兽、鸟，就是一条蛇、一只蛙，如果把头砍掉，它们的全身动作就要立刻瘫痪，随即死亡。但是蝶

类却另有一番本领，它的脑袋虽然掉了，身体各部分的功能却并不立时停止。有人曾做过一个试验，就是把几只羽化才1小时的菜粉蝶的头部剪去，放在粗面纸板上，它们仍然能够正常地站立着，并且保持体躯各部分的感觉运动，直至死亡。其中有一只雌蝶在失去头部之后，一直生活了471.75小时(19天18小时45分钟)之久(当时的室温为10℃～15℃，通常都在12℃上下)；在这段时间内，还多次用针尖试探，发现它的体躯各部的感觉运动反应正常，并曾先后排粪两次。砍掉了脑袋的菜粉蝶为什么不立即死亡呢？

　　这是由于蝴蝶的中枢神经系统除了脑袋外，胸、腹两部各有球形的神经节，发挥着各自的控制作用，因此，蝶类的神经感觉运动在失去了脑袋之后，体躯各部的神经机能仍然能够继续发挥着它们的部分作用。

百蝶之魁——彩蝶王

中文名：彩蝶王

分布区域：中美洲、加拿大、墨西哥

彩蝶盛会是毗临太平洋的墨西哥米却肯州山区的一处自然奇观。每年8～9月，大批彩蝶都会从加拿大南部和美国北部结队迁徙，飞行2000多千米，来到墨西哥的云杉林越冬。这些彩蝶一般会在次年春天产卵，并孵化下一代。

每年3月，数百万只彩蝶聚集在一起，给参天云杉蒙上了一层淡黄色。彩蝶飞舞，翅膀振动，发出阵阵声浪。这样的美景，吸引了无数观光客。不久，聚会的彩蝶就会向北朝它们的故乡飞去。

这种橙褐色的蝴蝶便是世界上著名的"彩蝶王"。"彩蝶王"季节性聚会后的迁飞现象十分壮观。它们通常在黎明起飞，途中雄蝶会在雌蝶周围围起一道屏障，充当"护花使者"。千百万只彩蝶在碧空长天中，与"流霞"和"飞云"争艳，景象非常壮观。

在我国云南的大理古城，有个驰名中外的"蝴蝶泉"。每年3月，也有大批蝴蝶和飞蛾前来赴会。成千上万只蝴蝶和飞蛾在泉边舞蹈，有的成双成对排成排，静静地停在泉边的树枝上，煞是好看！

数学天才——蜜蜂

中文名：蜜蜂

英文名：Bee/Honeybee

分布区域：全世界

在动物界中，很多动物的一些行为都体现出一定的数学原理。其中，蜜蜂的数学才能最为神奇。

首先，蜜蜂会计数。德国的两名昆虫学家曾在蜂巢和盛有糖浆的饲料槽之间设置了4个帐篷，相邻帐篷的间距为75米，训练蜜蜂到饲料槽中觅食。当帐篷的数量和距离改变后，蜜蜂仍然是飞过第四个帐篷去寻找食物。可见，蜜蜂已经记住了数字"4"，并且是通过数数来寻找目标的。

蜜蜂采蜜的过程也体现了其惊人的数学才能。每当太阳升起与地平线成30°角时，侦查蜂就会去侦察蜜源，然后用"舞蹈语言"汇报信息。它先是左右摇摆腹部，沿直线爬行一小段距离，然后往一边兜半个圆圈，再回到起点，用相同的方法往另一边兜半个圆圈，从而形成一个"8"字。研究发现，蜜蜂在一定的时间内舞"8"字的次数多少表示蜂巢到蜜源的距离远近。在15秒钟内重复舞9～10次，表示蜜源距离为100米；重复4～5次，表示距离为1000米；重复2次，表示距离为5000米；只舞1次，则表示距离为8000米。收到信息后，蜂王便派工蜂去采蜜。令人称奇的是，被派出去的工蜂不多不少，恰好都能吃饱，保证回巢酿蜜。

此外，工蜂建造的蜂巢更是涉及复杂的数学知识。蜜蜂的蜂巢是严格的

六角棱锥柱形体。在面积一定的情况下，正六边形的周长是最小的。因此，蜜蜂所建的蜂巢用的蜂蜡最少，工作量也最小。而且，组成蜂巢底盘的菱形的所有钝角都是109°28′，所有的锐角都是70°32′。数学家们经过计算发现，如果要消耗最少的材料制成最大的菱形容器，正是这个角度。蜂房的巢壁厚0.073毫米，误差极小。从这个意义上说，蜜蜂称得上是"天才的数学家兼设计师"。

　　蜜蜂为什么会有如此高超的数学才能？它们还有没有其他涉及数学原理的行为？科学家们正在致力于这些问题的研究。

好勇斗狠——泥蜂

中文名：泥蜂
英文名：digger
分布区域：全世界

　　泥蜂是一种攻击力比较小的蜂种，它们很少主动攻击人类，所以受到不少人的欢迎。它们活跃在我国的大江南北，无论是野外之地，还是家中花园，都能看到它们的身影，野花盛开的地方更是常常让它们流连忘返。

　　泥蜂不只在我国分布很广，在世界上也具有庞大的队伍，甚至北极圈内都有分布，已知数量有九千余种。泥蜂相对无毛，体壁坚实，体形大小不一，体色多样，大多具有红色和黄色斑纹，比较艳丽。它们有咀嚼式口器，上颚发达，足短粗细长不一。雌性腹部末端蜇刺比较发达。泥蜂虽然对人类还算比较友善，但是它们大多数却是捕猎性昆虫，少数是寄生性或盗寄生性昆虫。泥蜂的捕猎性本能比较复杂，捕猎范围因属种而有所不同，包括蜘蛛、蝎子等。一只雌蜂捕获到一只蜘蛛后，会用蜇针将其麻痹，并携带回准备好的巢内，然后将其与自己的卵一起埋起来，作为卵内孵化出的幼虫的食物。一只泥蜂可以有一个或几个猎物，有时也会在幼虫生长的过程中不断地添加猎物。

　　泥蜂在猎捕时非常机智，每一个步骤都是经过精心设计的，即使古罗马的角斗士与对手在角斗场上肉搏时，也未必有它的手段巧妙。

　　每到九月时，泥蜂就开始挖掘和狩猎。它把窝建在道路两侧的坡上，然后开始捕猎。当泥蜂搜寻到它的猎物蟋蟀后，便毫不犹豫地向对方猛扑过去，

彼此打成一团。蟋蟀可不是好惹的角色，它的大颚能把泥蜂开膛破肚，它锯齿般的大腿也可能使泥蜂受伤。于是，为了打败对方，泥蜂先要设法把对手打翻仰躺着，让蟋蟀无法利用它的后腿逃之夭夭。接着泥蜂再用自己的前足死死地压住对方的大腿，使它不能进攻。泥蜂的后腿也没闲着，顶得蟋蟀的大头夸张地往后仰着，弄得蟋蟀只能咄咄逼人地张着嘴，却咬不着泥蜂的任何部位。除此之外，泥蜂还要紧紧地勒住蟋蟀，使它丝毫不能动弹，再动嘴咬住蟋蟀腹部末端的一块肉，用蜇针把毒汁送入准确的部位。为了以防万一，它要使用蜇针重复刺几下。不过，被泥蜂所捕猎的蟋蟀并未真正死亡，蟋蟀的腹部还有搏动，触须还能颤抖，这样新鲜地存搁长达一个半月之久。这是泥蜂为自己的幼虫考虑，让它们可以较长时间都有新鲜的肉吃。

泥蜂还有一个非常值得一提的本领就是建巢。泥蜂大多数在土中筑巢，如沙泥蜂属和壁泥蜂属就会用唾液与泥土混合成水泥状，建一个坚硬的巢；小唇泥蜂在树枝内或竹筒内筑巢；短柄泥蜂属则是会偷懒省事，它们在地上的自然洞穴内或利用其他昆虫的旧巢作为自己的巢。泥蜂筑巢后，就在巢室内产卵。

这些不起眼的泥蜂果然是神通广大，既有无与伦比的捕猎本领，也有高超的挖地道的技术，更有战斗和生活的智慧，它们的一生还真是充满了传奇色彩。

不怀好意——胡蜂

中文名：胡蜂
英文名：paper wasp
别称：纸巢黄蜂
分布区域：全世界

　　胡蜂的头部与胸部等宽，橘黄的色调间有稀疏而浅淡的刻点，大而明显的复眼和3个闪亮的单眼并列前方。两条棕色的触角，呈"八"字形分开。中胸背板中间嵌着隆起的黑线，两侧还各镶2条金色的纵带，连小盾片和胸腹节也镀上金黄的颜色。它的腹部各节背腹板为暗黄色，近中部处各节有1条棕色的纹饰，装饰得简朴美观。胡蜂有2对透明的翅，一长一短，不飞时竖在身上。

　　有的胡蜂一年常可发生3代，有的胡蜂发生1代、2代，并都以受精雌蜂过冬。在深秋季节，当气温降低到15℃～17℃时，胡蜂就开始离巢；当气温降到11℃左右，胡蜂就要全部离巢，迁居到温暖的地方去避寒，如石洞中、草堆上。胡蜂常常数十、数百只聚集在一起，它们紧紧抱成一团，以抵御寒冷的天气。

　　如果遇到天气时冷时暖，胡蜂就容易产生松抱现象，此时，耐寒能力就会降低，如果再遇到严寒袭击，大量的胡蜂就会死亡。等到第二年春季气温变暖，达到14℃～15℃时，胡蜂就开始散团，又重新活跃起来。

　　当气温达到16℃～18℃时，胡蜂又开始离群，选择适合它们生活的地方

筑巢，并继续交配和产卵，重新开始新一轮的变态活动。

人们经常见到的大多数胡蜂是不育的雌蜂，尽管胡蜂的口器给人留下了深刻的印象，但那只是一条非常简单的消化道，因此，它们只能吃甜的花蜜。但是大多数胡蜂并不是为了自己才捕猎。它们靠上下颚咀嚼所产生的蛋白质，都喂给了巢中那些众多饥饿的幼蜂。

胡蜂的巢为纸质，单层，圆盘形，巢室为六角形，口朝下，由不断繁殖的新工蜂接着向四周扩展加大加固，直到全部完成。不过，胡蜂的巢每年只住半年，秋季离巢后旧巢就废弃不用，来年春天重筑新巢。

胡蜂巢的构筑材料多为木质，如草根、树皮、锯木屑等，建造的体积一般较宽大，常筑在人家的窗前檐下、树杈上或土穴和树洞中，所选的处所多半是比较避风背阳的环境。

在欧洲，有一种"大黄蜂"，名叫黄边胡蜂，是生活在那里的个体最大、发出的声音最大的社会性胡蜂，这也毫无疑问地解释了为什么人们会如此长时间地惧怕它。但是，实际上这种胡蜂的刺比蜜蜂的刺对人类的影响还要小得多。蜜蜂的毒液是在防御盗蜜的脊椎动物(包括像熊和獾那么大的野兽)的时候释放的，而大黄蜂的毒液则主要用于捕食无脊椎动物以作为它的食物。通过对大黄蜂毒液的分析发现，其对人致命的剂量相当于被它叮上1000次，除非这个人对毒液过敏。

在所有的胡蜂中，经常骚扰人类的只有2种，它们是常见黄胡蜂和德国黄胡蜂。通常是在夏季结束的时候，胡蜂的食物来源消失了，工蜂的饲喂工作也结束了，群体之间的联系也分散了。来年的蜂王为自己找到了一个庇护所来越冬，与此同时，其他的胡蜂都会逐渐死去。这个时候，由于工蜂既没事干又得不到食物，所以它们便成为了令人讨厌的东西。在它们生命的最后阶段，即在能够冻死它们的寒冷的天气到来之前的几周内，胡蜂会漫无目的地消耗着自己的日子，在人类的厨房、果园和野餐等地寻找可以替代的糖源来糊口。在这个时候，就会发生人类和胡蜂之间的各种摩擦，有时候会产生致命的后果，无论是对胡蜂还是对人类。

胡蜂有马蜂、黄蜂、草蜂等俗称。生活习性较复杂，亲代个体间不但共同生活在一起，还有合作关系。胡蜂科是一切活动均以蜂巢为核心的蜂类，从进化上看，更为先进。胡蜂筑巢群居，蜂群中有明显分工现象，即有后蜂、职蜂和专司交配的雄蜂。但奥黄胡蜂社会性寄生于北方黄胡蜂的巢中，它没有工蜂。

后蜂为上一年秋后交配受精的雌蜂，在避风、恒温场所抱团越冬，翌年春季散团后即分别活动，自行寻找适宜场所营巢产卵。巢一般筑于房檐、树枝、竹林、土坡、岩石、空心树干、地面的洞穴、房屋、棚室内外人为造成的孔洞等处。大部分种类能在不同类型的场所筑巢。先做一个有几个纸质巢室的小巢，小巢与一短柄相接呈悬吊状，之间还具由极细纸质物形成的保护性包壳，呈伞状扣在小巢基部，部分包住了小巢，小巢中的巢室端部是开口的。筑巢材料是以口腔液体和衔来的虫尸、植物碎屑等纤维性组织一起咀嚼成糊状物，再以触角、上颚、足等协同筑成六角形的巢室。一个巢室产一个卵，边筑巢边产卵。幼虫孵化后，由后蜂捕捉其他昆虫，经嚼烂后团成球状喂饲，幼虫在雌蜂飞临巢上时即仰首摇动，敲响室壁，表示饥饿，食后则吐出一种雌蜂喜食的液体，两代之间有"互惠现象"存在。胡蜂捕食幼虫时一般不行螫刺，仅以足抱牢，然后用上颚咬食。直至幼虫吐丝封口化蛹时，饲幼工作才算结束。后蜂在这阶段负有寻觅筑巢材料筑巢、产卵、捕食并哺育初孵幼虫的职责，超负荷的工作量导致胡蜂的死亡率很高，许多胡蜂都因此夭折了。由于后蜂秋末前产的卵多为受精卵，故羽化的多为雌蜂，即常见的职蜂，其个体略比后蜂小，无生殖能力，仅少数可与同巢或异巢的雄蜂交配，并能正常产卵。而由不受精卵形成的雄蜂则甚少或没有。出现职蜂后，就承担了维持蜂巢的一切工作，蜂巢迅速扩大。一个成熟的巢群其职蜂数可达6000只，巢室可达1.4万个，直径可达30厘米或更大，其内有4层或更多层水平状排列的巢室，整个巢外用多层的纸质物质完整地包裹起来。

如连续阴雨天3~4日，胡蜂无法外出捕食，可产生自食幼虫的现象。胡蜂有喜光性，在完全黑暗情况下停止活动。

胡蜂成虫在田野中能捕食多种农林害虫，有时也咬食蜜蜂成虫及家蚕幼虫等益虫。嗜食糖性物质，如花蜜、昆虫的排泄物、树液及成熟的水果。幼虫食性为严格的肉食性，靠工蜂猎捕多种昆虫及其他的小动物或腐肉来喂饲。

胡蜂一般不主动攻击人、畜，当误触其巢时，可引起蜂群追袭螫刺，有时可直追百米以上。所以夏季在野外活动，要注意观察环境，不要误触或踏上其巢口。如遇到群蜂追袭时，不要直奔迅跑，可蹲伏地上不动，使胡蜂失去追袭的活动目标。如不幸被螫要及时向外排毒治疗。螫刺后伤口除有红肿、灼痛等现象外，还可引起呕吐、恶心、气喘、发烧、头痛、视物不清及虚脱等症状，重者可造成死亡。

狂暴杀手——杀人蜂

中文名：杀人蜂
英文名：Killer Bees
别称：非洲化蜜蜂
分布区域：南美洲、非洲

在南美有一种蜜蜂让人闻风丧胆，这就是杀人蜂。杀人蜂又被称为非洲化蜜蜂，它们的巢穴比一般的蜂巢都要大，尽管杀人蜂的毒液量和成分与它们欧洲品种的近亲差别并不大，但这些非洲品种的蜜蜂比较容易产生刺激反应。它们集结的速度非常快，在防卫蜂巢时攻击性强，也会叮人，如果被它们蜇到，毒液就会造成人体肾脏中血液循环量在短时间内急剧减少，并导致肾脏细胞中毒。所以有些人在受到杀人蜂的攻击后，很快就出现了肾衰竭的情形。杀人蜂会毫不留情地攻击一些可能带来危险的人或动物，攻击时间可长达数小时，追击距离可达数千米。而且它们很容易就被激怒或惊扰而发起攻击。可意想不到的是，这种令人恐惧的"杀人蜂"本来是不存在的，它们是被人类自己制造出来的。

1956年之前，与北美国家一样，巴西这个热带国家的蜜蜂都是从欧洲引进的，但不知道为什么，欧洲蜂在巴西的存活情况一直不佳。为了提高巴西的蜜蜂产量，巴西圣保罗大学遗传学家沃里克·克尔引进了一些受过精的非洲蜂王，想通过两者之间的杂交来改良蜂种。克尔引进的非洲蜂王因为遭受了蚂蚁、穴熊等外界的压力养成了自卫的习性，以致于常常见到"外来人"

就立即开始进攻。并且在艰难的演化过程中，那些脾气暴躁、毒性强、富有进攻性等习性都被延续了下来。为安全起见，克尔把这些蜜蜂放在一个隔离的养蜂场里放养，还用钻了眼的盖子把蜂箱盖住，盖子的眼孔很小，刚好只允许工蜂挤进去，而非洲蜂王是绝对挤不出去的。就在大家都以为万无一失的时候，灾难发生了。

1957年的一天，一名前来蜂场参观的人无意间打开了盖子，25只蜂王趁机逃出牢笼并再也追不回来，从此，更大的灾难由此而来。这些杂交蜂适应能力极强，繁殖速度极快，很快它们就在野外大量繁殖起来，并开始攻击人畜，就连它们的同类欧洲蜂也难逃它们的袭击。短短的几十年间，已经有数百人被这种毒性极强、凶猛异常的蜜蜂活活地蜇死，而葬身它们口中的猫、狗、家畜更是不计其数。在南美，"杀人蜂"已经让人闻之色变。

上世纪70年代中期，有一名女教师在回家的路上，手背上偶然停落了一只蜜蜂，她顺手打了一下，转眼间，几百只蜜蜂劈头盖脸飞来，在她面部和后背蜇了几百处伤痕，虽然她不久就被人送到医院，但仍不治身亡。

一天，一个8岁的南美男孩遭到了"杀人蜂"的包围，有只狗把蜜蜂引开了，这个男孩因此而得救，但那只狗却被杀人蜂活活地蜇死了。

还有一次，巴西里约热内卢正在进行一场足球比赛，突然飞来一群杀人蜂。这些蜜蜂非常凶猛，见人就蜇。顿时，球场上秩序大乱，一场热闹的足球赛因此而早早地惨淡结束。

有一年，巴西的几名工作人员在清除烟囱上的一个蜂窝时触怒了那里的"杀人蜂"，霎时间，成千上万只野蜂倾巢而出，整个天空响起了可怕的嗡嗡声。无论是人还是牲畜，只要是活动的物体，都遭到了狂暴的蜂群的袭击。事后人们统计，在3个小时内，500余人总共被蜇了3万多下，平均每人被蜇了60几下。此外，还有许多家畜被蜇死。而在另一起"杀人蜂"袭击人类的事件中，受伤的人竟超过了1000人。

杀人蜂不仅在巴西到处"行凶"，就连与巴西临近的国家也先后遭殃。杀人蜂向北进入委内瑞拉，向西进入秘鲁和智利。上世纪80年代的一天，委内瑞拉的300多名游泳者受到群蜂袭击，许多人受了重伤。杀人蜂还袭击了秘鲁北部特希略市的一个村镇和大学城。有个青年被蜇，全身红肿，当时就失去了知觉，几个小时后他在极端痛苦中死去。大学城的几十名学生，下课走出教室时突然遭到一群杀人蜂的袭击，幸好他们跑得快才没有造成严重的伤亡。1982年6月13日，哥伦比亚麦德林飞机场遭到两千多只凶猛的杀人蜂突然袭击。

这种蜂群每年以二三百千米的速度向周围扩散。1985年6月9日，在加利福尼亚州贝克斯菲尔德西北大约72千米的废油田上，切夫伦公司洛斯特希尔斯租地的铲车司机比尔·威尔逊看到一只兔子被一群蜜蜂活活蜇死。不到20年，杀人蜂就已经穿越了美洲到达美国南部。

杀人蜂重归野外给整个美洲大陆带来了一场巨大的灾难。它们的繁殖力极强，而且即使与欧洲蜜蜂交配，它们的后代也都是非洲化蜜蜂即杀人蜂。随后，这些蜜蜂的数量呈几何级数上升，一发不可收拾，据专家统计，"非洲杀人蜂"的总数已经超过了10亿。而且它们生性多疑，易受惊扰，往往从15米开外就开始毫不留情地攻击它们认定的"入侵者"，攻击时间长达3小时。

目前，从南美洲最南端直至美国南部各州，都不时传出"杀人蜂"伤人的消息。"非洲杀人蜂"即因此得名。

　　尽管人们费尽心机想对付"非洲杀人蜂"，但到目前为止，仍然找不到有效的方法来根除这一祸患。不久前，有人意外发现性情温和的南非蜜蜂和"非洲杀人蜂"杂交的后代是一种较为温和的新品种。就此，一些研究机构已经展开实验，希望能借此最终解决"非洲杀人蜂"的难题。但是，杀人蜂凶恶的习性可以通过遗传得到抑制，但也有可能会继续保持下去。希望这一次不会再杂交出新的"杀人蜂"来。

憨态可掬——熊蜂

中文名：熊蜂

英文名：bumblebee

分布区域：世界大部分地区

有一种蜜蜂，它生活在植被茂盛、花朵丰富的地方，每天都匆忙地辛勤劳作，为世界上大多数的植物授粉，它就是熊蜂。

熊蜂长得近似蜜蜂，但体形又大又圆，多毛且毛色偏深，笨笨的模样就如狗熊。熊蜂唇基隆起，颚眼距明显，体色基本都具有金属色，有金属绿色、亮金属蓝色等等，非常漂亮。多数雌蜂在后胫节的外侧有专门的花粉篮，胫节外侧光滑，边缘有长毛。雄蜂阳茎基腹铗和刺缘突突出或明显超过生殖突基节。

熊蜂在地下筑巢，有时会栖身于废弃的鸟巢和鼠洞。蜂巢由草建造成，并有蜡质的繁育室。熊蜂没有蜜蜂那样的建筑天分，所以它们的蜂巢看起来比较奇特，但是熊蜂在照顾孩子方面却一点也不输于蜜蜂。熊蜂虽然看起来憨态可掬，但手脚非常麻利，嗷嗷待哺的幼虫有时会把蜡质的巢房撑破，工蜂喂完幼虫之后，就赶快把巢房上的缺口补好，有时常常补了东墙再去补西墙。

熊蜂的身体庞大，而翅膀却相对较小，那么小的翅膀是怎么带动庞大的身躯飞翔的呢？有科学家通过研究指出，熊蜂是用它短小的翅膀做小于90°角的划动和每秒钟高频率的振动来保持浮在空中的。当它们在困难条件下飞行的时候，会付诸更大幅度的划动，并维持同样高的振动频率，而不像其他

飞行昆虫那样减小频率。熊蜂这种奇怪的振动翅膀的方法很可能是从确切的需要发展而来的，因为这些在自然界中生存的小生命有时必须携带沉重的花蜜或者幼虫飞行，所以熊蜂必须克服一切困难，让自己飞起来。

熊蜂还有一个与蜜蜂相近的地方，就是它们同属于社会性昆虫。每个蜂巢有一只蜂后、多只雄蜂和工蜂，并有着明确的职能分工。熊蜂的蜂后在冬眠后产卵，第一窝一般发育成4～8只工蜂，工蜂羽化以后立即清理巢房、储备蜂粮、调节巢房温度，以及与雌蜂共同照料子蜂。雄蜂出现较晚，只管交配，交配后几天立即死亡。初秋时蜂后停止产卵，雄蜂的比例增加，包括蜂后在内的群体逐渐消亡。未来的蜂后长成后就会飞离，然后交配，寻找另外的隐蔽处越冬。

熊蜂是一类益虫，对农林作物、牧草、中草药以及野生植物的传粉起了一定的作用。有些国家为了提高牧草的产量，已经开始人工繁殖熊蜂。总体来说，熊蜂应该是一类比较可爱的蜂种了，它们不但憨态可掬，还对人类和自然环境有很大的帮助。

划分领地——蜻蜓

中文名：蜻蜓

英文名：dragonfly

别称：猫猫丁、咪咪洋、丁丁、蚂螂、河嘻嘻、蜻蜻

分布区域：全世界

蜻蜓是世界上眼睛最多的昆虫。蜻蜓的眼睛又大又鼓，占据着头的绝大部分，且每只眼睛又有数不清的"小眼"构成，这些"小眼"都与感光细胞和神经连着，可以辨别物体的形状大小，它们的视力极好，而且还能向上、向下、向前、向后看而不必转头。此外，它们的复眼还能测速。当物体在复眼前移动时，每一个"小眼"依次产生反应，经过加工就能确定出目标物体的运动速度。这使得它们成为昆虫界的捕虫高手。

雄性的陆生蜻蜓会把河流、小溪或池塘边的一块划定为自己的领土，领土必须要适合产卵。在自己的领土上，它只允许最近和自己交尾过的雌性进入并产卵。领土通常沿着岸边延伸数十米，或以水生植物、树洞、凤梨科植物的叶基部为圆心划定一小块。某些种类的个体会好多天甚至好几个星期守着同一块领地——最高纪录是90天。对于有些种类来说，同一个地点会很快数易其主。

对领土的争夺时有发生，入侵的雄性偶尔也会升级为领土的主人。有时候这种冲突会以其中一只雄性蜻蜓被撞进水里而收场——面对水里的鱼和其他"敌人"，蜻蜓会变得很弱小。而有时候这种争端则演变成一场仪式，包括

一系列飞行特技的展示：两只雄性蜻蜓面对面地飞，边飞边"秀"自己色彩亮丽的腹部或华而不实的附肢；或其中一只绕着对方盘旋；或螺旋向上地跳自己精心准备的"Z"字舞。

　　交尾通常发生在领地的中央，雄性会一直盘旋或停在高处，以警告其他接近的雄性。某些种类中，只有数只体型最大的雄性才有自己的领土，其他大部分雄性蜻蜓则像人造卫星一样分散在不起眼的附近，或是没有固定地点而四处徘徊，在时机允许的时候抓住异性——这种情况有时甚至发生在远离水体的地方（"偷袭者"）。陆生雄性蜻蜓交配的机会比别的种类多。实际上，某些陆生种类在飞行季节发生的所有交尾行为中，其中的绝大都分都是由很少的几只雄性完成的，领主们成功的陆地防御系统为它们赢得了交配的优先权。

可憎可恶——蚊子

中文名：蚊子

英文名：mosquito

别称：寻觅蚊

分布区域：除南极洲外各大陆

蚊子有感觉作用，它的头上和腿上长着触角和刚毛，对湿度、温度、汗液都很敏感，所以它们常喜欢叮爱出汗又不洗澡的人。儿童的皮肤娇嫩，新陈代谢活泼，皮肤上的毛孔挥发汗液快，常挨蚊子叮。还有，蚊子对弱光很喜欢，如果你穿上一件黑色的衣服，则正好适合于蚊子的视觉习惯。但是，蚊子对强气流很敏感，夏天当你摇扇乘凉时，蚊子就会难以靠近。研究表明，蚊子更喜欢叮咬女人，这是为什么呢？原来，大多数化妆品中都含有硬脂酸，而蚊子非常喜欢这种硬脂酸，所以女人更受蚊子"欢迎"。

利用气味，蚊子能从人群中发现最适合它们"胃口"的对象。胆固醇和维生素这两种物质是维持蚊子等令人讨厌的昆虫生存的必需品、而它们自己又不能产生。因此，能为蚊子带来丰富胆固醇和维生素的人最受蚊子青睐。

蚊子的嗅觉能力特别强。当人类呼出二氧化碳和其他气味时，这些气味会在空气中扩散，蚊子总是随着人呼出的气味曲折前进直到接触到目标为止，然后就落到皮肤上耐心寻找"突破口"，最后才把"针管"直接插入皮肤里吸血 8 ~ 10 秒钟。

蚊子的唾液中有一种具有舒张血管和抗凝血的物质，它使血液更容易汇流到被叮咬处。被蚊子叮咬后，被叮咬者的皮肤常出现起包和发痒症状。几

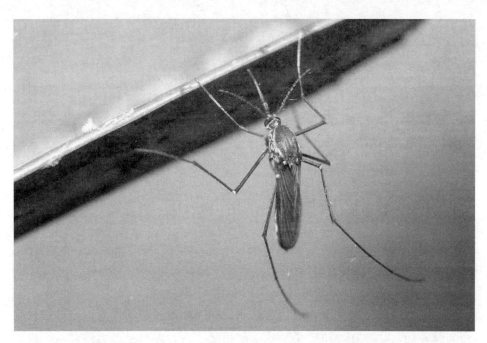

乎每个人都有被蚊子"咬"的不愉快事，事实上应该说被蚊子"刺"到了。蚊子无法张口，所以不会在皮肤上咬一口，它其实是用6支针状的构造刺进人的皮肤，这些短针就是蚊子摄食用口器的中心。这些短针吸人血液的功用就像抽血用的针一样；蚊子还会放出含有抗凝血剂的唾液来防止血液凝结，这样它就能够安稳地饱餐一顿。当蚊子吃饱喝足、飘然离去时，留下的就是一个痒痒的肿包。

　　和未怀孕的女性相比，孕妇遭蚊咬的机会高出一倍。妇女在怀孕期间所呼出的气体含有多种不同的化学物质，因而成为疟蚊的叮咬目标。此外，孕妇体温较高，出汗也多，是皮肤细菌滋生的良好基地。这两个原因使孕妇比其他妇女更易惹蚊子袭击。

　　从上边的情况来看，蚊子多半靠判断被叮咬人身上所散发出来的气味来选择叮咬对象。要改变这种现象，大家可以试图改变自身气味来避免被蚊子叮咬。

声名狼藉——蝇

中文名：蝇
英文名：flies
分布区域：全世界

　　真正的蝇并不受大众欢迎，它们缺少蝴蝶那般美丽的外表，也不像社会性的蚂蚁和蜜蜂那样能组成错综复杂的团体。但双翅目昆虫是所有昆虫目中最让人着迷的群体之一。有许多种蝇其实是益虫，它们造访花朵，并为花儿们授粉，能除去害虫、控制野草的蔓延，或使有机营养成分能够被循环利用。那些会叮咬我们、污染我们的食物或啃吃庄稼的蝇是少数。

　　在地球的温暖区域，蝇类可说是真正的苦难根源，它们会携带一些对人和牲畜来说极危险的疾病，并将病原体传播到卫生条件落后的地区。在这样的情况中，对蝇类的生物学研究揭示了许多关于不同类的动物之间的共同进化，以及昆虫作为一个整体存在的生态学意义。

　　就全世界范围来说，蝇类是屈居甲虫(集中在热带)之后的第二大昆虫群体，在温带的许多国家，蝇类会占到所有昆虫的1/4。这个群体中12万个已知的种类几乎能以各种你想象不到的方式生存，并出现在各种气候带，直到两极的边缘。它们的栖息地甚至还包括海洋。成年蝇的食性多样，有的吃花，有的捕食其他动物，有的吃死亡的动物组织，有的吸血。而幼虫的食性又与成虫不同，有很多吃腐烂的动植物组织，有些则在水中滤水觅食植物，或者过着寄生生活，或者食肉。

　　蝇类的多样化很大程度上是基于3个主要特征：口器、飞行机制和幼虫的形态。成虫的口器主要适合于进食流质，但经过高度进化后，变得适合刺、吸和舔。大而可活动的头部里面长着1个(有时2个)发达的肌肉泵，能协助它们从任何活的或腐烂的物质中榨取流质。除了有些寄生在哺乳动物身上的(狂蝇科)和成虫期非常短暂的小型摇蚊之外，几乎所有的蝇在成虫期都会觅食。

　　蝇的飞行工具只有两只短小却强壮的翅膀，第二对翅膀退化为小平衡棒，如果蝇属有一个突变异种的平衡棒又还原为翅状结构，证实了这一现象。这种适应性将蝇(双翅目)与许多其他的名称中有"fly"这个词的目的成员如蜻蜓、石蛾等区别开来。蝇胸部的结构因仅有的一对翅膀而变得简单：胸部的前、后节实际上已经消失，中间的那一节变大，且整个被翅肌肉包裹起来。这种结构使其身体具有高度的机动性，可以实现极高的速度和振翅的频率(小型摇蚊能达到每秒1000次)。而对方向和身体姿势的控制能使身体降落在任何可能的地点，甚至可以头朝下地停留在天花板上。

　　许多蝇都有盘旋飞行的本事，能绕着它们自身的体轴旋转，或者飞过那些比它们的翅展宽不了多少的地方，甚至倒退着飞。所有这些本领都是在平衡棒提供的感觉信息的协助下实现的。平衡棒就像一个微小的陀螺仪，在每一个平衡棒的基部，感觉器官彼此间呈直角地形成三组，这样的排列使蝇能够感觉到自己飞行和转弯的速度，以及它是否被吹离飞行的轨道。与机动性相联系的是蝇的大眼睛，隔得很开的眼睛能提供敏锐的视觉，神经内的视感觉元素通向小眼面(蝇类独有的特征)。此外，蝇能通过附肢上灵巧的爪和肉垫抓牢任何表面。

　　在所有主要的蝇类别中，让人吃惊的是，许多种类的翅膀已经间接消失，有的平衡棒也逐渐消失。对于部分寄生蝇(虱蝇科)来说，这大概是对生活在宿主身上的生活方式的适应。有些蚤蝇科成员，雄性有完整的翅膀，而雌性却没有，人们曾观察到交尾中的双方飞来飞去，有可能是雄蝇带着雌性从一处飞向另一处。有些蝇住在白蚁的巢穴中，本来长有翅膀的雌性会在进入巢穴的时候断掉翅膀。两性中翅膀消失或退化的情况在那些栖息在经常刮风的海洋岛屿上的种群中尤其普遍，因为翅膀的存在会增加它们被风刮走的危险。

而对那些住在洞穴深处，或掘洞而居的其他种类来说，翅膀在狭小的空间中无用武之地。许多翅膀退化或消失的高级蝇类，由于翅肌肉的消失，胸也相对较小。此外，由于它们的触觉比视觉更加重要，所以眼睛退化，而触角增大。

翅膀内生或完全变形，是蝇的典型生长模式。幼虫在形态和习性上都与成虫很不一样。蝇幼虫的胸部附肢还没长出来，取而代之的是很多可移动的次生假肢。前面已经描述过，那些已发现的蝇幼虫种类具有各种生存的本领。它们能在多种小环境中存活，而且具有极端多样的外形——远远超过任何其他的目。它们出现在池塘、湖泊、高温矿泉、油床、植物叶基部积聚的水里，以及死木头烂出的洞中，此外还有活水中(包括流动缓慢或快速的河流)，甚至在湍急的瀑布中，它们也能牢固地附着在岩石和植物上。

生活在陆地上的幼虫，栖息地包括沙漠、土壤、堆肥、水体泥泞的边缘，以及高度污染的矿泥中。它们把腐烂的植被，菌类、粪便，以及几乎所有其他动物的尸体都开拓成栖息地，还是哺乳动物、鸟类和其他昆虫巢穴的清道夫。它们以植物为食的种类习性进化过很多次，一株植物从根到种子几乎任何一部分都可能成为它们的食物。有些肉食性的会寄生于蠕虫、蜗牛、多数大型的昆虫、其他节肢动物、两栖动物和它们的卵、爬行动物、鸟类和哺乳动物身上，或者吃它们的肉。有些幼虫会把它们自己的父母吃掉，当然，也有些幼虫由雌蝇一直照顾到发育成熟。

在长角亚目中，幼虫长有完整的头壳，而且像大部分其他昆虫那样，上颚能水平移动，花园长足虻的蛆(大蚊的幼虫)就是一个例子。在许多长角亚目的科中，幼虫水栖，如黑蝇、蚊子和许多摇蚊。这些蝇类都会经过一个"空"蛹期，即没有蛹壳。

短角亚目成员的口器能垂直运动，而且在整个发育过程中，头壳会呈现逐渐退化的趋势。短角亚目有4个次亚目，幼虫的头壳不完整，蛹期也属于"空"蛹。这些种类的蝇，幼虫的形态非常多样，有些能在极端干燥的环境中存活。部分长角亚目和短角亚目的成员，蛹的特征与众不同，即它们在蛹期时也能自由活动，而几乎所有内翅类昆虫在蛹期时都是不能活动的。蚊子的蛹能活跃地游泳——这也是它们不得不做的事情，因为它们经常住在缺乏氧气的死水中，必须到水面上来呼吸，然后下潜至安全的地方。蜂虻和盗蝇在地下数厘米深处度过蛹期，但羽化前它们会利用身体上一排可怕的刺和突起爬到接近地面的地方。

高级蝇类的幼虫就是我们常见的蛆，其外观平常，没什么特色，但实际上这里面包括很多生理适应性。与长角亚目和短角亚目成员相反，高级蝇类的蛹包在末龄幼虫的皮内，这层皮起着与"蛹壳"相同的作用，具有优良的安全性和防水性能，能适应变幻莫测的气候条件。要刺激蛹继续发育并促使其羽化成虫可能需要精确的提示，如准确的温度、白天的时长或空气湿度。但坚硬、具有保护性的蛹壳也有其本身的缺点：为了能从蛹壳中出来，成虫不得不在头部用血液充起一个特殊的囊，这个囊与汽车的安全气囊很相似，以把蛹壳顶部挤开，方便成虫羽化而出。随后，囊就瘪掉了，会在成虫的触角上面留下一个凹槽。

我们前面提到过，蝇会经过一个多样化的生命历程，所以双翅目昆虫的卵呈现出多样性也就不奇怪了。大部分雌蝇都有一个结构简单的管形产卵器，

而那些在植物上产卵，或营寄生生活的雌蝇，多数长有更加坚硬的产卵器，有的为了把卵产在深处，产卵器则相对更长一些。有的卵是普普通通的椭圆形，有的则结构复杂。在潮湿的小环境中产卵的种类，卵的表面呈脊状或网状，功能类似腹甲，能使卵在靠近其表面的空气薄膜中吸氧。处于液体环境中的卵，表面会有供呼吸用的能穿透液体表面的角状突出。有些蚊子如库蚊的卵，生有精致的漂浮装置，能使卵粘在这种"小筏子"上。

真蝇的幼虫在结构上的多样性虽然不如成虫，但其外形的变化多样，是任何其他昆虫目都望尘莫及的。它们的栖息地也很多样，成年的雌性在产卵的时候，会设法找出任何能想象到的生活环境，这个生活环境有充足的食物，潮湿，还具有隐蔽性。它们通常会把可活动及可伸缩的导卵器(产卵器)深深地插进选好的某个部位，以确保卵在孵化和生长的时候能在不会脱水和不会饥饿的情况下安全地避过捕食者或寄生虫。

许多种类的蝇都能忍受低含氧量的水环境，或者进化出一些获取氧气的本领。它们用这种相似体在水层面上收集氧气并储存起来，然后沉到深水处进食。食蚜蝇科成员的鼠尾蛆则采取一种更简单的适应方法：它们在泥浆中进食的时候，长长的尾巴能伸到水面上去呼吸。更让人惊奇的是，有些食蚜蝇和水蝇的幼虫，身体上的末一对气门(呼吸管)独立地长在尖尖的、能插进水生植物茎杆的螫针上，这样它们就能从植物中获得氧气。有少数种类的幼虫，特别是黑蝇或水牛蚊，生活在湍急的溪水和河流中，能利用吸管状的软垫把自己吊在石头上，然后用专门的口刷过滤水流，获取其中的小颗粒食物。一种水蝇，其"水栖"幼虫居然生活在汽油池中，虽然会把汽油咽下去，但不会受其害，平时以落入油中的其他无脊椎动物为食。

从水栖幼虫和蛹期到陆生的飞行成虫，这样的转变并不容易，这一转变中，蝇类又完成了一些奇怪的适应。黑蝇的蛹会因充满空气而膨胀，当蛹壳裂开的时候，初长成的成虫会在一个气泡内升到水面上来，避免了被水打湿的情况。还有一些羽化中的蝇则会因蛹壳的突然裂开而弹出水面。这样，一只新鲜、干燥和原生态的蝇就离开了它那安全的幼虫环境，开始了它短暂而冒险的、以求偶为目的的飞行生活。

　　蝇的捕食活动与吸血习性紧密相关，并要求它们都具有相似的口器和行为。吸血的蝇通常把体型较大的动物作为食物来源，尤其是脊椎动物，每次取食一点汁液。很多科的蝇都具有这种习性，其中以摇蚊、蚊、蚋、黑蝇、马蝇、鹿虻和螫蝇等最为著名，而且其中的多数只有雌性具有叮咬的习性。摇蚊和蚊都有长长的针状口器，而马蝇和大型家蝇中，如具叮咬习性的螫蝇和采采蝇，口器较短，似刀片。这些蝇中的大部分都会把疾病带给动物甚至是人类。

田间红娘——七星瓢虫

中文名：七星瓢虫
英文名：ladybird
别称：金龟、花大姐
分布区域：中国各地

七星瓢虫，俗称花大姐，是一种益虫。其两只翅膀左右各有三枚黑点，在两翅结合的前方有一枚更大的黑点，故而得名七星瓢虫。一生经历4个虫龄，因活动季节不同，生活场所也有所不同。当遇到危险时，它还会分泌一种腥臭的黄色液体，虽然无毒，却也能对敌害起到恫吓作用。

瓢虫，在昆虫学上属于鞘翅目瓢虫科。瓢虫有两层翅膀，外面的一层已经变成硬壳，只起保护作用，所以叫做鞘翅。鞘翅的下面还有一层很薄的软翅膀，能够飞翔。因为它的形状很像用来盛水的葫芦瓢，所以叫瓢虫。瓢虫的身体很小，和一粒黄豆差不多大。它是一种如同半个圆球那样的小甲虫，拥有坚硬的翅膀，颜色鲜艳，还长着许多黑色或红色的斑纹，惹人喜爱。在我国有的地区，瓢虫被称为"红娘"，也有些地区叫它"花大姐"。此外瓢虫的"星"不同，种类不同。

七星瓢虫体形不大，身长在7毫米左右。成虫卵在植物叶子的背面，每个卵块大约有30个两端尖细的卵粒。从卵中孵化后经历3次蜕皮，最后破蛹而出。刚刚羽化的七星瓢虫，鞘翅为嫩黄色，质地柔软。3个多小时后，鞘翅逐渐由黄色变为橙红色，同时出现7个黑斑。头部呈黑色，复眼之间有两个淡黄

色小点;触角为栗褐色,上颚外侧为黄色。前胸背板为黑色,腹板突窄而下陷。

　　七星瓢虫的家不固定,它随着季节的不同随时搬家。冬天,七星瓢虫在小麦和油菜的根茎间越冬,也有的在向阳的土块、土缝中过冬。春天,一旦气温升到10℃以上,越冬的七星瓢虫就苏醒过来,开始活动,在麦类和油菜植株上能找到它。夏天,随着气温升高和食物增多,七星瓢虫大量繁殖,凡是有蚜虫和蚧虫寄生的植物,如棉花、柳树等植株上,都能找到它,有时甚至出现大批聚集的景象。秋天,田间七星瓢虫的数量减少,它常在玉米、萝卜和白菜等处产卵,这时候,早晚的气温较低,七星瓢虫往往隐蔽起来,不易发现。

　　七星瓢虫有较强的自卫能力,虽然身体只有黄豆那么大,但许多强敌都对它无可奈何。它的3对细脚的关节上有一种"化学武器",当遇到敌害侵袭时,它的脚关节能分泌出一种极难闻的黄色液体,使"敌人"因受不了而仓皇退却、逃走。它还有一套装死的本领,当遇到强敌和危险时,它就会立即从树上落到地下,把3对细脚收缩在肚子底下,装死躺下,瞒过"敌人"而求生。

暗夜精灵——萤火虫

中文名：萤火虫
英文名：firefly
别称：火金姑
分布区域：热带、亚热带和温带地区

在世界各地都可以看到种类繁多的萤火虫。萤火虫的身体扁平细长，雄萤火虫长有翅膀，而雌萤火虫则没有翅膀。萤火虫会发光，而且不只是成虫，连它的卵、幼虫，还有蛹都会发光。有人说，它们的这一特殊本领是用来吸引异性注意和向对方求爱的。

在夏天的夜晚，当人们在街头漫步时，总能看到一闪一闪的萤火虫飞来飞去。人们不禁会想，萤火虫是怎样发光的呢？

科学家们经过研究发现，萤火虫的腹部长着一个发光器，发光器上有发光层，其表皮为小窗孔状。反光层在发光层的下面。这些发光层上有许多发光细胞，它们都是由荧光素和荧光酶构成的。在荧光酶的作用下，荧光素可以和发光器周围的气管所供应的氧产生化合作用而发出荧光。

喜欢观察的人会发现，萤火虫发出的光忽明忽暗，闪烁不定，让人难以捉摸。其实，这种情况主要和气管输送的氧气有关系。当氧气充足时，萤火虫发出的光亮就强；如果氧气不充足，萤火虫发出的光亮就会变弱，甚至黯淡无光。另外，萤火虫体内有一种高能化合物三磷酸腺苷，每当荧光变弱时，荧光素与腺苷磷酸就会相互作用，使萤火虫重新发光。

　　萤火虫的荧光五颜六色，十分美丽。有淡绿色、淡黄色、橘红色、淡蓝色，这些颜色给人们带来了无尽的遐想。根据萤火虫的内在机理，科学家们研究出一种人工合成的冷光，在含有易爆瓦斯的矿井和弹药库中经常用到，还可以用于水下作业。

　　在医学上，科学家将从萤火虫身上提取的腺苷磷酸用于对癌细胞的研究，根据癌细胞内腺苷磷酸发出亮光的不同，判断癌细胞生长的快慢及其生长情况。

　　在工业上，腺苷磷酸可用于检测金属的污染程度和分析过滤金属元素，同样，也可以检查水的污染情况。在航天工业上，腺苷磷酸也可用来探测太空中是否有生物存在。

　　一只萤火虫发出的光是非常微弱的，但如果把许多萤火虫放在一起，它们发出的光能够抵得上一个灯泡发出的光亮。曾有这样一个故事，晋朝时的车胤自幼就喜欢读书，白天看不够，晚上还想接着读，但由于家境贫穷，他点不起油灯。后来，他想出了一个巧妙的办法，他用薄纱布做了个小口袋，里面装进很多萤火虫。到了晚上萤火虫开始发光，亮光和蜡烛发出的光没有什么两样，于是，这袋萤火虫就成了他学习的必备品。

萤火虫还曾经用在战场上。1898年，美军与古巴交火，有许多士兵受伤。哥加斯医生正为伤兵做紧急手术时，灯突然灭了。这时他急中生智，在一个空瓶子里装满了萤火虫，并借助萤火虫发出的光亮，成功地做完了手术。后来，有人计算，把37只或38只扁甲萤火虫聚集在一起，它们发出的亮光和一支蜡烛燃烧的亮度一样。

科学家从萤火虫能够发光的特性中受到了很大启发。近年来，科学家们从萤火虫的发光器中，先后成功地提取了纯荧光素和荧光酶。不久之后，科学家们利用化学方法人工合成了荧光素，有人称其为冷光源。现在，我们日常使用的光源，只有很少电能可以转化成光能，多部分电能都被转化成热能消耗掉了，所以，发光效率极低。由于发电需要消耗大量的煤、油等不可再生资源，这不但会造成浪费，而且，还对环境造成了严重污染。但是荧光素是可再生资源，利用它发光不用担心以上问题。由于冷光源光色柔和，不会对人眼造成强烈刺激和伤害。同时冷光源能量转化率特别高，它能把大部分化学能转化成光能，这极大地提高了资源的利用率。

目前的研究成果显示：冷光源将大范围地应用于未来人类的生产和生活及其他领域中，人们的生活将因冷光而更加丰富多彩。

别有韵味——吉丁虫

中文名：吉丁虫
英文名：jewel beetle
别称：爆皮虫、锈皮虫
分布区域：世界性分布

　　吉丁虫是一种非常美丽的甲虫，体表有多种色彩的金属光泽，在灯光或阳光下，能闪耀出灿烂的金属光泽，绚丽异常，就像娇艳迷人的淑女，被人喻为"彩虹的眼睛"。吉丁虫科的种类繁多，全世界约有13000种，我国已知的就有450多种。不同种类的吉丁虫个头差异很大，小的不到1厘米，大的超过8厘米。吉丁虫有锯齿状的触角，11节。前胸腹板比较发达，端部伸达中足基节间。吉丁虫体形与叩头虫很相似，区别在于其前胸与鞘翅相接处不凹下，前胸与中胸连接紧密，没有跃起构造。

　　吉丁虫成虫喜欢阳光，在树干的向阳部分，人们很容易发现吉丁虫。吉丁虫经常在白天活动，它们有很强的飞翔能力，飞得又高又远，所以不易捕捉。但当吉丁虫在树干上栖息时，就很少爬动，这是捕捉的大好时机。

　　"窈窕淑女，君子好逑"，古人的这句诗道出了人们对美好事物的追求与向往。因此，淑女似的吉丁虫自然就受到了人们的青睐。在人们的印象中，蝴蝶是最美丽的昆虫，但是当你认识了吉丁虫之后，你也许会觉得吉丁虫也是独树一帜，别有韵味。

　　日本人特别喜爱吉丁虫。他们认为，吉丁虫艳丽的鞘翅，能赶走居室内

的害虫，因而他们常把鞘翅镶嵌在家具上，这样既能驱虫，又能起到装饰的作用。

在热带地区，分布着很多吉丁虫。它们色泽鲜艳，身躯窄长而扁，腹部趋尖。有些种类的鞘翅是蓝色、铜绿色、绿色或黑色，同样也带有金属色泽。在维多利亚时代，带金属色泽的甲虫是女人或男人的活珠宝。其他种类体上的鲜艳色泽被黑色鞘翅遮住了，只有在吉丁虫飞行时从腹面才可以看到。当金属色的吉丁虫停止飞行时，就会变成树枝上一个暗黑色隆起，迷惑猎捕者，保护自己。

不过，吉丁虫的幼虫没有成虫漂亮，它们长得奇丑无比，但是成虫颜色那么鲜艳，真可谓"虫大十八变"，这就是昆虫变态的奇妙之处！尤其使人不能忍受的是，吉丁虫的幼虫对树木的危害极大，是果树、林木的重要害虫。它们专门蛀食树心，不久树木就会枯萎死亡。

弃车保帅——大蚊

中文名：大蚊
英文名：crane fly
别称：空中长脚爷叔
区域分布：中国南方地区

中国有个成语叫"断肢自救"，是说为了逃避敌人的危害，自断肢体以保住自己的性命。这种现象在双翅目大蚊科昆虫中相当普遍，这类纤弱的昆虫一旦被捕捉就很容易脱落它们的长腿，借机逃走。这个成语用在大蚊身上再合适不过了。

与其他各种蚊蝇类昆虫相比，大蚊体形较大，腿细长，头大而腹部纤细，无单眼。雌虫触角呈丝状，雄虫触角呈栉齿状或锯齿状。中胸背板有一个"V"形沟，翅膀狭长，平衡棒细长。大多数呈褐色、黑色或是灰色，并有黄色或淡褐色的斑纹。雄性腹部末端平钝扩展，而雌性有尖的产卵器。

大蚊这样一副凶狠厉害的模样，相当可怕，甚至有些地方更是有"三个蚊子一盘菜"的说法，让本来就对蚊子心生厌恶的人们更觉得非把它们消灭不可。而实际上，在差不多6 000种大蚊之中，没有一种是叮人或叮其他动物的，它们只能算是其他吸血传病蚊虫的远房姐妹。大蚊非常娇弱，虽然生有翅膀，但却显得笨拙，飞行速度慢而且不稳，常常在水边或植物丛中流连。

大蚊既没有攻击性，又娇弱无力，如果遇到强敌，它们会怎么办呢？原来它们也有自己一套明哲保身的办法。人们在稻丛中经常可以见到大蚊用前足抓住叶片，后面的两对足伸得直直的垂吊着，摇摇晃晃的身体像是在荡秋

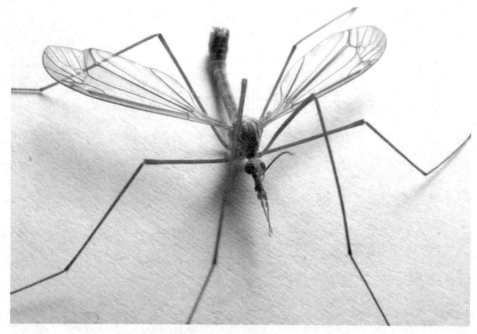

千。如果不去触动它，就好像一具干枯的虫尸，这就是它的第一招——以装死迷惑敌人。大蚊的这套骗人把戏，也许可以欺骗很多敌人，但却逃不过"捕虫能手"青蛙的火眼金睛。当青蛙看到垂吊着的大蚊时，会猛然跳起，张嘴伸出长舌捕住大蚊。不过，这场毫无玄机的征战的结果却出乎青蛙所料：本想享受一顿美餐的青蛙，最后却发现卷入口中的只是一条细细的大腿。原来，大蚊受到突如其来的攻击，便断肢自救，逃之夭夭了。

大蚊成虫一般不吃东西，寿命非常短暂，只有几天。雌性大蚊产卵于土壤中，幼虫生活在土壤、腐烂的木料、鸟巢和泥沼里，取食那里的腐烂有机物、真菌菌丝和苔藓。幼虫整个冬天都在进食，到春天进入休眠。有些种类也危害植物的根，成为水稻的一害，也有些水生的大蚊是肉食性的昆虫。

这些蚊子家族中的"巨人"，虽然最大的个体翅展超过10厘米，但它们却是一群既胆小又没攻击性的昆虫，只会一味地躲避，是蚊子中憨厚老实的大个子。所以，千万别被它们的巨人假象欺骗，它们压根就不会袭击人类。如果实在觉得大蚊这个名字有点恐怖，你下次可以叫它另一个非常可爱的别号——"空中长脚爷叔"。

第二章

在地面生活的昆虫

有的昆虫没有翅膀，或者有翅膀但是不善于飞行，只能爬行和跳跃。有的昆虫虽然会飞，但是它们的幼虫和蛹期都是在地面或地下度过的。绝大多数的昆虫都是在地表活动的，因为地面是它们的栖息场所，而且还是它们寻找食物的地方。

生存法则——蚂蚁

中文名：蚂蚁

英文名：ant

别称：蚁、玄驹、昆蜉

分布区域：全世界

　　蚂蚁属蚁科膜翅目，是地球上相当典型的社会性昆虫，它们的组织制度高度严密，群体中主要有雄蚁、雌蚁、工蚁和兵蚁。雌蚁，也称"蚁后"，是群体中体型最大的，生殖器官发达，一般有翅，在交配筑巢后脱落，主要职能为产卵、繁殖后代，是大家庭的总管。雄蚁，俗称"蚁王"，体型较蚁后小，触角细长，外生殖器发达，主要职能是与蚁后交配，但交配后不久便死亡。工蚁，又叫"职蚁"，体型最小，无翅，数量最多，是一群无生殖能力的雌蚁，故也称中性蚁，专门负责筑巢、觅食、饲喂幼蚁、侍奉蚁后、护卵、清洁及安全等。兵蚁，无翅，头大，上额发达，也是不能生育的雌蚁，专门负责保卫群体安全。

　　蚂蚁虽然各自所处的地位和身份不同，但都自觉地各司其职，使集体生活井然有序，和和睦睦，充满生机。

　　每到繁殖季节，众多的蚂蚁便开始进行"婚配"。"婚"后，蚁王使蚁后受孕，而后便撒手离世。蚁后则脱掉翅膀，在产房中准备"生儿育女"。它在生产之后还要负责抚育幼蚁长大。当新的群体中出现工蚁并初具规模时，蚁后的"统治"地位日益巩固。此时的蚁后俨然一位养尊处优的"女皇"，不仅喂养幼蚁的责任由工蚁承担，连自己的饮食起居也要由工蚁照顾。蚁后通常可以活十几年，生殖力也较强，所以总是可以做"新娘"，不断与"新郎"交配，繁殖后代。

蚂蚁的社会是一个母系社会，蚁巢中除了蚁后之外，雌蚁管理着整个蚁巢的正常运作。蚁后产下的卵中，雌雄比例相当，而蚁巢内雌蚁却比雄蚁多好几倍。这是为什么呢？原来，为了保持性别比例平衡，延续种群遗传优势，雌蚁消灭了雄卵。

自然界中弱肉强食的现象比比皆是，而蚂蚁世界中的战争无法简单的用争夺配偶或获取食物来解释，它常常由某些掠夺成性的蚁群挑起，而被侵略的蚁群则要誓死保卫家园。因而，战争也就不可避免地一次次爆发。

蚂蚁的军队同人类的军队一样具有兵种的分工，不仅有机敏的侦察兵和坚守岗位的哨兵，还有勇猛的特种兵。它们的武器主要有两种，一种是"冷兵器"，即头上一对坚硬的大颚，可以当做战刀来使用；一种是"生化武器"，它们可以通过喷射带腐蚀性的蚁酸，使敌手受伤，这种武器往往更为重要。

蚁军作战时还有不同的策略，有偷袭，有防守反击，有乘胜追击，还有围追堵截。

俗语说得好，"麻雀虽小，五脏俱全"。就拿小小的蚂蚁来说吧，它们的个头虽然小得几乎不被人重视，但是，在蚂蚁家族里，它们也有自己的社会和王国，如果仔细观察还会有很多有趣的事情呢！

正如人类历史发展进程中曾出现过奴隶社会一样，蚂蚁王国中也存在一种蚂蚁，它们靠掠夺、蓄养奴隶为生，这就是生活在南美洲的非常强悍的蓄奴蚁。在蓄奴蚁蚁群中，所有的工蚁无一例外都是兵蚁。英勇善战的蓄奴蚁非常不喜欢劳动，比如抚幼、造巢、觅食之类的工作，它们根本不愿意做。于是它们就进攻周围的邻居，把它们的蛹和幼虫抢到自己的巢内。这些幼虫和蛹长大后注定要成为奴隶，它们承担造巢、觅食、保洁、抚幼之类的繁重工作。由于苦命的奴隶寿命太短，蓄奴蚁只好不断发动战争，不停地掠夺奴隶以备奴役和使用。

蓄奴蚁还不算最凶猛的，在南美洲的热带丛林中，生活着一种异常凶猛的食肉游蚁。只要它们"光临"人类住宅，屋中的蟑螂、蝎子就会被消灭得干干净净，比杀虫剂还要厉害。草丛中的小动物只要一碰上食肉游蚁群就倒霉了，因为游蚁们会群起而攻之。举个例子，遇到毒蛇时，它们会很快组成一个环形的包围圈，团团围住毒蛇。随着包围圈越来越小，一些游蚁向毒蛇发起进攻，毒蛇便被狠狠地咬住了。疼痛难忍的毒蛇疯狂地摆动身躯，可食肉游蚁仍然死死地咬住它不放。惊慌万分的毒蛇更加猛烈地向四周碰撞，企图突出重围。可是食肉游蚁才不理会呢，它们在与毒蛇扭成一团的同时，一边咬一边还大口吞食着蛇肉。几个小时后，食肉游蚁全身而退，只有一条被啃食过的毒蛇的残躯留在原地，让人看了不禁毛骨悚然。

蚂蚁大部分还是勤劳的，比如在南美洲的阿根廷、巴西、巴拉圭，就生活着一种蚂蚁，它们有种蘑菇的手艺。这种叫做切叶蚁的蚂蚁整天在叶茂枝繁的大树上爬来爬去，相中哪棵果树后，它们就把树上的叶子用大颚切光，然后再把碎片运回蚁巢，接着再用大颚将碎叶反复咀嚼成碎屑，将碎屑搬到专门培植蘑菇的地方堆放好，然后在上面排泄粪便。一种小蘑菇很快便从碎叶堆里"破土而出"并逐渐长大。此时就会有一些切叶蚁来到"蘑菇房"里做一些准备工作，它们把果实啃破，被咬破的蘑菇顶部便会流出蚂蚁们的第一道佳肴——某种黏液。随后，其他蚂蚁也陆续来到这里吮吸黏液。这时的子实体表面已经变得黏稠，许多蛋白质积聚在上面，这便是切叶蚁的第二道大餐。出去建立新家庭的雌性切叶蚁，会在自己的嗉囊里装上带孢子的蘑菇碎片，以便在新的家庭里种植蘑菇来生存下去。奇怪的是，这种小蘑菇只有在切叶蚁的蚁穴中才能继续生存，如果不是切叶蚁的蚁穴，而是别的蚁穴的话，小蘑菇就只有死亡的命运，更别提继续繁衍生长了。

超级猎者——行军蚁

中文名：行军蚁
英文名：legionary ant
分布区域：亚马逊河流域

蚂蚁可以说是我们平时见得最多的一种小动物了，无论是在墙角，还是在小路上，或者花园的石头下，草坪里，到处都有它们的踪影。单个的蚂蚁小小的一点都不起眼，但当很多蚂蚁聚集在一块时就会形成一股难以忽视的力量，特别是生活在亚马逊河流域的行军蚁，那可是世界上有名的超级捕食者。

行军蚁肤色为褐黄色，上颚、足为栗黄色，除后腹部外毛都呈黄色，直立后腹部腹面有稀疏立毛，末端立毛密，全身有极为丰富的柔毛，呈丝质光泽。头很窄，有很大的单眼和复眼，上颚又宽又短而且端部很钝，内缘基部具一钝齿。雄性行军蚁的体长在25.1～25.9毫米之间，大型工蚁体长最大为7.4毫米，而小型工蚁体长最长的为4.6毫米，形状与大型工蚁相似，只是后腹略凹一些，体色也较淡。

行军蚁喜欢群居，一群由一二百万只成员组成。行军蚁是迁移类蚂蚁，行动非常迅速，没有固定住所，习惯在行进中发现并捕捉猎物。它们每天的活动就是不停行军、发现猎物、捕捉猎物，然后搬运猎物。到了晚上，行军蚁就互相咬在一块，工蚁在外，兵蚁和小蚂蚁在里，形成一个巨大的蚂蚁团，抱在一块休息，这样做的目的，是保护它们的下一代。

　　科罗拉多岛是观察行军蚁活动的最佳地点之一。这座面积约为15平方千米的小岛坐落在巴拿马运河的一个湖泊之中，这里生活的鬼针游蚁是世界上被研究得最多的行军蚁。

　　行军蚁的捕猎能力非常惊人。一是因为它们都是集体行动，这些优秀的战士披坚执锐，躯壳硬似铁甲，大颚利如弯刀，以蚁海战术发动进攻，数量之多超乎想象，它们倚仗数量上的优势砍劈削切，即使体型远胜它们的猎物如蟋蟀、蚱蜢等也只能成为它们的美食，甚至用不到半个小时，一头猪或者豹子就会被它们啃得只剩骨头。虽然一滴水就可以把单个的蚂蚁冲走或淹死，但一旦这些单个的蚂蚁联合起来就几乎是一股不可阻挡的力量。如果在行进途中遇上沟壑，行军蚁就会抱成团，而处在队伍最前面的蚂蚁更会毫不犹豫地冲下去充当"蚁桥"，一直到大部队顺利通过为止，为此就算牺牲生命也决不退缩。二是行军蚁的唾液里有毒，猎物一旦被它们咬伤，很快就会被麻醉失去抵抗力。

　　单论作战之道，老虎、狮子、熊甚至是人类都不足为惧，但是行军蚁却

会让人吓出一身冷汗。据说在蚂蚁王国有着非常复杂的机构组织和群体之间的合作规则，这一点，在行军蚁中表现得尤为突出。据说在群居的一群行军蚁中，有75万只左右的行军蚁是亲兄弟：它们都是同一只蚁后和雄蚁所生的后代，在捕食过程中必须严格遵守某些铁一般的秩序，必须严格服从"组织"安排。

行军蚁的凶猛攻击对森林也有好处，有助于维持生物多样性。当森林中有一棵树倒下，会形成一个混乱的栖地，让各种物种进入、移居、生长。同样地，行军蚁群进驻之后，动物的生命也会彻底毁灭，仿佛被清除殆尽。行军蚁离开后不久，该区域会成为生物多样性的温床，各种生物都有机会……直到行军蚁再次光临。

能编会织——织叶蚁

中文名：织叶蚁
英文名：Strongylognathus
分布区域：东洋区、非洲、澳洲

在热带树林中有一群身长腿长，头部长着一对锋利上颚的橘黄色蚂蚁。它们在树上筑巢安家，一切起居饮食都在树上进行，它们就是著名的织叶蚁——树冠上的统治者。

织叶蚁只有一个属——织叶蚁属。织叶蚁的身体细长；上颚、触角和足呈红褐色；立毛较少，主要分布在头前部和后腹部；全身特别是后腹部具有浓密的柔毛，几乎看不见毛间的空隙；雄蚁要长于雌蚁。

织叶蚁具有独特的生活习性，特别是它们拥有与众不同的筑巢方式。它们主要用树叶和幼虫的分泌物作为原材料筑巢，在筑巢的时候，它们非常注意分工和合作。一些工蚁找到适合做巢的树叶以后，便互相合作把树叶的边缘拉在一起。大工蚁则用上颚叼来白白胖胖的幼虫，把它在一片树叶的边缘上点一下，幼虫就配合地吐出丝，然后工蚁再在另一片树叶的边缘点一下，这样就又形成了一道丝。它们就这样叼着幼虫从树叶的一端爬到另一端，来回穿梭，让幼虫边爬边吐丝，就如同织布机一样密密地排满线。然后，这些工蚁就可以把植物叶片边缘粘连在一起，从而形成一个紧密的巢窝。由此可见，织叶蚁幼虫是筑巢过程中的重要工具，但是老熟幼虫不参与建巢活动。

织叶蚁成熟的群体有几十个分巢，大包小包的叶巢高高地挂满了四周的大树，看起来非常壮观。惟一的蚁后也是在这个叶巢里产卵的，它将产下的卵粘在树叶上，蚁卵在树叶织成的摇篮里发育成长。为占领新的领地，织叶蚁一一相叠，垒成梯子或金字塔形，直到架起一座空中桥梁。

如果天气晴朗，工蚁就会从树冠顶爬到地面，掠食一些靠近领地的小动物。严密的组织是它们的优势，当树上没有猎物时，织叶蚁就会派出地面部队，搜猎部队以扇形阵列从地面一直延伸到树上的巢穴，队伍中的工蚁一只挨着一只静静地站着，等待靠近的猎物。猎物一旦被几只工蚁咬住，就很难逃脱。因为织叶蚁脚爪的抓力是众多蚁类中最强的，锋利的上颚能紧紧咬住猎物，脚紧抓叶子或树干，使猎物不能弹动。与此同时，捕猎中的工蚁会释放化学信号，通知后面的工蚁过来支援。面对这样的特种作战部队，很难有猎物能够幸免逃脱。织叶蚁顺利制服猎物后，就把捕获的猎物拖回树上的巢中。

织叶蚁当然也不是战无不胜的，它们也有自己的天敌，那就是一种在外形和颜色上都与织叶蚁很像的蜘蛛，它们能够冒充织叶蚁的气味。即便是这样，它们也不敢公然挑衅织叶蚁，通常只会选择离群的工蚁作为攻击目标。

绚丽奇特——金龟子

中文名：金龟子

英文名：chafer

分布区域：除南极洲外各地

在世界上所有的甲虫中，金龟子最奇特。它们有卵圆形的身体，一对刷子似的触角，它们的身体颜色多种多样。雄性金龟子头上的角，形状各不相同，有弯钩状的，有尖刺状的，还有叉子形状的。虽然金龟子的外壳看上去很漂亮，但它们大多数都是危害树木和农作物的害虫。

因为金龟子是害虫，所以很多人对它们都没有什么好印象。但是在古代的埃及，人们却都对它们情有独钟。古埃及人在许许多多器具和用品上都刻画上了金龟子的形状，当作尊贵的象征。到了现在，金龟子凭借它漂亮的外表赢得了小孩子们的喜爱，一些成年人也用它们来做装饰品。但是这样的大肆捕捉，却导致金龟子种群的发展出现了危机。

属于金龟子这个家族的成员大约有2800种，它们喜欢在热带地区生活，海岸和山地这样的地方我们都可以看到金龟子活动的身影。如果你看过它们飞行的话，就会知道，它们是先升起前翅，然后再打开只用于飞行的后翅起飞，在飞行中前翅始终张开着。金龟子奇形怪状的角可以用来向同伴炫耀，也可以用来将挡路的对手挑开。长长的脚可以帮助头上的角伸到更前面、更下面去挑开对手。

兜虫是金龟子家族中的成员，它是全世界体型最大的甲虫之一。它头上

的触角几乎和身体的长度相等，看起来就好像是一头威风凛凛的大犀牛。最出名的金龟子当然要数粪金龟了，也就是人们经常说的"屎克郎"，它们以收集动物的粪便而出名。粪金龟一般是将收集起来的粪便滚成一个个圆球，埋进地底下，然后把卵产在粪球里面。它们的习性为清洁人类的生活环境作出了很大的贡献。

到了春天，宝石金龟子的雌虫就会在树桩或圆木上产下几十枚卵。虫卵孵化后，幼虫就在木头上啄个洞钻进去，啃食植物纤维。大概经过1年或更长时间的发育，幼虫就在这些腐木中形成的小室里发育成蛹。

在夏季刚刚来临的时候，人们就可以看到宝石金龟子的成虫了。这时，它的身体柔软苍白，几个小时之后，身体就会逐渐变硬，显出绚丽的色彩。变成成虫后，它们一般就隐藏在茂密的森林中，可以活3个月左右的时间，啃食树叶，繁殖后代。

铜绿金龟子有着铜绿色的背面，有着栗色光泽并且反光的鞘翅。鞘翅上有3条纵纹突起。雄性的腹面为深棕褐色，雌虫的为淡黄褐色。朝鲜黑金龟子大约有18～21毫米长，背面具有黑色光泽，鞘翅黑褐色。暗黑金龟子的背面虽然说也是黑色，但是却没有光泽，翅上及腹部有短小蓝灰绒毛。茶色金龟子周身呈现茶褐色，并且生有密密的黄褐色短毛。

色彩艳丽——斑衣蜡蝉

中文名：斑衣蜡蝉
英文名：Spot clothing wax cicada
别称：花姑娘、椿蹦、花蹦蹦
分布区域：中国华北、华东、西北、西南、华南以及台湾等地区

斑衣蜡蝉，体色大多较为艳丽。头部偏小，额部延长如象鼻，触角着生在一对大大的复眼下方。前翅基半部淡褐色而稍带绿色，有黑斑20余个，翅端半部黑色，脉纹白色，翅脉分枝成网状。后翅基部鲜红色，且常有黄色相间，具有7～8个黑色斑点，翅端黑色，在红色与黑色交界处有白带。体及翅上常有粉状白蜡。斑衣蜡蝉在生长过程中体色变化很大。小龄若虫身体为黑色，上面有许多小白点；大龄若虫最漂亮，通红的身体上有黑色和白色斑纹。

斑衣蜡蝉喜欢许多只聚在一起，而且常在寄主椿树的枝干上列队而行，十分整齐。只要有一只在瞬间弹跳飞走，其他的就会一个个旋即离去。有时也在枝干上互相追逐，绕着树干转圈。

斑衣蜡蝉用口针刺吸树枝中的汁液，往往由于摄入的液体较多而需要排出，同时排泄物内还含有一定量的营养物质，可被其他生物利用。在若虫快速生长期如4龄若虫及成虫产卵前，它们需要大量的树液，以满足生长发育及产卵所需的营养。

斑衣蜡蝉的生活周期较长，一年内只发生1代。成虫把卵产在寄主椿树的老枝干上，卵粒成条形，整齐地排列成块状。为了过冬卵的安全，产完卵后

的成虫还要从产卵管中排出大量的粉褐色黏液，覆盖在卵块上。经历寒冬后，到来年的5月间随着卵中的胚胎发育，卵粒膨胀，外面的保护层便自然脱落，不久即从卵上的裂口中孵化出一个个若虫来。

斑衣蜡蝉的俗名——樗鸡的来历，与它们喜食的椿树有密切关系。"樗"字就是臭椿树的代称，而斑衣蜡蝉的体形是头尖、足长，停栖时翘头垂尾，样子很像昂首啼叫的鸡。

斑衣蜡蝉为什么要像雄鸡啼鸣那样"站立"在树上呢？这是因为它那根刺吸式的针状口器从头的下方向后伸出，而且不能随意弯曲，这种口器叫做后口式口器。斑衣蜡蝉取食时，只有头部翘起来，口器才能从胸部腹面垂下，去刺穿树木的皮，汲取植物液体。另外，斑衣蜡蝉这样的姿式，也能增加足够的爆发力，可随时弹跳，躲避天敌的侵袭。

蜡蝉总科体长2～30毫米，体型变化大；触角着生在头两侧复眼下方，互相远距，梗节膨大成球形或卵形，上面有很多感觉器；多有2对翅，但也有短翅或无翅的，前翅前缘基部有肩板，翅膜质或皮革质；中足基节长，长在身体两侧，基部互相远距，后足基节短阔，固定在身体上不能活动，胫节有

2 ～ 7个大的侧刺和一列端刺。

它们的卵产在植物组织内或表面，常有蜡保护。成、若虫均生活在植物上，吸食植物汁液。多数一年发生1代，但有的一年发生4 ～ 10代，多以卵越冬，少数以成虫越冬。有的种类分泌蜜露，有蚂蚁伴随。

蜡蝉科为中到大型，美丽而奇特；头大且多圆形，有些具大型头突；胸部大，前胸背板横形，前缘极度突出，达到或超过复眼后缘；中胸盾片三角形；肩板大；前后翅发达，膜质，翅脉到端部多分叉，并多横脉，呈网状；前翅爪片明显，后翅臀区发达；后足胫节多刺；腹部通常大而宽扁。

心狠手辣——螳螂

中文名：螳螂
英文名：mantis
别称：刀螂、大刀螂
分布区域：除极地外各地

　　螳螂有一个上宽下窄的三角形的头，头顶上生有一对多节呈丝状的触角。螳螂身体呈绿色、暗绿色、褐色，苗条的身躯披着浅绿色透明的长翅。它的脖子和前胸，生得又细又长，占体长的一半，可以和长颈鹿的长颈相媲美。脖子的两旁还有锯齿状的硬刺，这是对脖子的保护性"装甲"。它的脖子非常灵活，可以左右、前后自由地摇摆转动，有利于观察猎物的方位，监视昆虫的行踪，以防备它们在不知不觉中偷偷溜走。

　　螳螂的眼睛生在三角形头部的两端，并且向外突出，这样视野就格外广阔，便于寻找食物。不过，它的视力并不敏锐，它看东西无论远近总是模糊不清。螳螂的眼睛有一个特点，就是对静止不动的东西看不见，只能看到运动着的东西。因此，不管螳螂要捕捉的昆虫的颜色、形状如何，只要它是个活物，螳螂就能看到它。

　　螳螂的一对前足犹如刀斧手高举的大刀，所以在我国的一些地方也称它为"刀螂"。发达而强壮的前足生长在螳螂细长的胸部上，十分厉害，它的前端比钢针还要锐利。在前足的内侧，还生有许多锐利无比的锯齿状钢刺，非常适合把捕捉到的昆虫挟在前足的弯里牢牢压住。猎物只要被它捉到，那就休想逃掉。螳螂腿和腰的关节转动灵活，与前足相比，它的后足显得细长，与威猛的前足很不相称。

　　螳螂喜欢栖息在植物丛中，身穿绿色"伪装服"的螳螂是拟态的高手，非常善于伪装自己，常常隐身在植物丛中，把自己伪装得同环境相一致，体型可像叶片(绿叶或褐色枯叶)、细枝、地衣、花朵、它们经常漫步在草丛与树林之间，虽然行动缓慢，却是一流的伏击手。它们一般不主动去追捕猎物，螳螂常用两对足着落在植物上，高高举起长臂的前足放在自己的胸前，昂首慢行，酷似一匹漫步的战马。螳螂摆出这种端庄文雅的架势，并不是为了展现优雅的风度，而是作好随时就要进行的战斗准备。有的螳螂在胸节的两旁、前肢的腿节处都有色泽美丽的薄膜张着，伏在花丛之中，就像一朵鲜花，能够诱骗昆虫飞来自投罗网。

　　螳螂是行动缓慢的昆虫，比起蝗虫、蟋蟀那样能够灵活跳跃，或者蝴蝶、蜻蜓展翅飞翔的昆虫来是很逊色的。不过，螳螂捕捉其他昆虫的本领是很高明的，尤其堪称是捕食害虫的能手。当在绿树花丛中飞舞的昆虫来到螳螂眼前的时候，它的复眼和颈部的本体感受器立即飞快地把昆虫的形状、大小、

飞行速度和方向报告给大脑指挥部，并发出捕捉的命令。于是，螳螂悄悄地斜着张开翅，四只脚慢慢地一步一步地走向昆虫，到离昆虫不远的地方时，突然全身立起，用大刀般的前足猛地向昆虫飞行的方向狠狠一击，以迅雷不及掩耳之势发动攻击，立即将昆虫活捉，不论是蝉、蛾、蟋蟀、蝗虫、苍蝇还是蚊子等，一瞬间就被它所猎杀。然后，它再用那小巧的嘴撕开并咀嚼猎物的肉。

螳螂的成虫能够捕食害虫，刚孵化出的幼虫也具有这种本领，因此被称作"世界昆虫之虎"。由于螳螂是捕食害虫的能手，从保护生态环境，降低农业成本考虑，利用螳螂作为生物防治是一种很有价值的方法。

雌螳螂产卵的姿势也同其他生物大不相同。它要先找到一个风吹不到雨淋不到的地方，头部朝下，腹部朝上，由腹部末端的产卵管中分泌出一种黏稠的保护液体，它一面分泌液体，一面用尾端两个瓣膜一开一闭的搅动液体，同时打进空气，把液体搅成松柔的白色泡沫状，把卵袋覆盖成圆块状，产下的卵就裹在里面，因此分泌的黏液是给小生命做保护罩的。每产一个卵，就盖上一层泡沫，泡沫很快就凝固成硬块，干成固体，成为卵鞘，保护虫卵在这里孵化。卵鞘为圆筒形，表面有横的皱纹，里面由薄膜隔成许多个小室，非常精巧，每室有一扇小门，里面大约排列30多个卵。卵块里遍布无数的小气泡，凝固以后就像硬质泡沫塑料一样，既防水、防寒，又防震。这就是"桑螵蛸"，是它出于保护后代的本能要建立的一套防护措施。

雌螳螂每产一次卵，如果能够顺利孵化的话，可以孵出数百只的小螳螂。到了来年春暖花开的梅雨季节，小螳螂就开始孵化出生。

螳螂不仅有吞食配偶的自私现象，其实刚从卵蛸里孵化出来的小螳螂，它们也是"六亲不认"，更无"同胞手足"之情的，一出生就自相残杀、残食，体魄强者就把弱者杀而充饥了。这种"自私基因"从幼年时就已开始指导着生存竞争，这在许多种昆虫中都有此现象。

刚孵化出来的小螳螂，除身体小无翅膀以外，其他酷似它的父母。小螳螂以蚜虫为食，经过八九次蜕皮，发育成为成虫，就跟父母一模一样了。

螳螂主要是靠着两个"秘密武器"来传递信号的，一个是它的复眼，另一个是它颈前的几丛感觉毛。

　　螳螂的两个很大的复眼，由上百个晶体状单眼组成，是它的视觉器官，也是个特殊的速度计。螳螂的双眼虽然不会转动，可是它的头却能朝任何两侧方向转动。

　　螳螂伏击的时候总是抬起头，举起两个长长的前臂收拢在胸前，神情温柔。这个姿势，就像虔诚的教徒祈祷的模样，仿佛请求上帝原谅它的罪过，因此也引发出许多神话与迷信。在欧洲，人们都叫它"会祈祷"的昆虫。在德语里，"螳螂"就是"祈祷的信女"。在美国，至今还有不少人认为看见螳螂会有"好运气"。其实，螳螂哪里是在"祈祷"，它是在摆开阵势，作捕猎前的准备！

　　秋天，是螳螂"结婚"的良辰吉日。"结婚"对大多数动物来说都是欢乐的喜事，可是在螳螂的世界里，"结婚"就意味着雄螳螂要大难临头了。因为当它们婚配以后，雄螳螂就要被雌螳螂吃掉。所以在螳螂的世界里，"结婚"就意味着雄螳螂生命的结束。

　　关于螳螂交配过程中的"食夫"之说，有人认为是由于雄螳螂比雌螳螂成熟早，求偶时遭到雌螳螂的强烈反抗所致；另一种是认为雄性的咽下神经节可以分泌一种激素促进它的侧向运动和腹部外生殖器的抱握运动，因此雌性吃掉雄性的头部，可以破坏雄性的咽下神经节，有利于双方交配成功；还有的认为，螳螂是食欲旺盛的食肉性昆虫，不论雄螳螂或其他昆虫，只要落在雌螳螂的捕食视线之内，不管是"亲朋好友"，也不论是否有"夫妻之情"，都会成为"刀"下之鬼。有时，雄螳螂好像深知其"妻"的残酷性，在性爱时小心迂回到它的背后，突然扑到雌螳螂背上，以避免被雌螳螂的"大刀"触及，成为交配后的牺牲品。因此，只要善于在交配后使用合理的脱身之计，雄螳螂能够幸免于难的数量也不少。

　　大多数学者认为，雌性吃掉雄性可以为卵的成熟补充营养。如果雌螳螂摄取的食物中含有极为充分的蛋白质的话，雌螳螂本来并不一定要把雄螳螂吃掉。可是，在自然环境里，雌螳螂生理上所需的蛋白质，仅仅依靠它所能捕捉到的小虫，是远远不够的。因为雌螳螂在交配、繁殖、产卵之际，必须消耗大量体能，因此交配时的雄螳螂就成为最方便的食物了。

随着分子生物学研究的深入，从基因的角度对雄螳螂常被逮而食之的现象进行了新的解释，认为这种现象的发生是一种基因在主宰着它们的行为。因为雌螳螂受精后，胚胎发育需要大量营养，所以每当交配时，"自私基因"已开始指导它们要不顾一切地搜集营养品，以免自己受孕后健康受损而使"胎儿"得不到正常发育。

而雄螳螂面对这种"雌食雄"的行为能够做到"视死如归"，是因为雄螳螂在交配后，与其他雄性昆虫一样，生理机能随精子的排出，体能已衰极，行动也失去活力，已经无力逃遁。同时雌雄螳螂在围绕求偶、交配、营养等活动中产生了进攻性行为，在此行为的发生过程中，由于同种的雌性个体明显大于雄性个体，从而占有进攻优势，所以雄螳螂在无奈之下只能被吃掉了。

色彩伪装是螳螂最常用的伪装手段。那些经常生活在绿色枝叶上的螳螂，它们身体的颜色都是呈绿色的。那些经常出没于褐色枝干上的螳螂，它们身体的颜色却都是褐色的。

此外，形体伪装同样也是螳螂的拿手好戏。它们不但努力使自己的体色和生活环境保持一致，还极力从形状上模拟周围的环境。叶螳螂是一种形体模拟十分奇特的螳螂。它的身体看上去就像一片树叶，不但形状模仿得惟妙惟肖，就连树叶上的叶脉也模仿得丝毫不差。若不是看到它在树上缓缓移动，真不敢相信这片"树叶"竟然是一只昆虫！

还有一种花螳螂，身体呈粉红色，不但身体长得十分像花瓣，就连它的那两只令人生畏的前足，也模拟得同花瓣极其相似，远远看上去就像是一朵美丽的花朵。当它隐身于花丛之中时，哪个是花，哪个是虫，真是令人无法分辨。一些采食花蜜的昆虫，被这朵"鲜花"所吸引，前来采蜜，却万万没有想到竟会自投罗网，葬身于这朵"鲜花"挥动起的两把"大刀"之下。

吐丝作茧——蚕

中文名：蚕

英文名：silkworm

别称：天虫

分布区域：温带、亚热带和热带地区

蚕原产于中国北部，它是蚕蛾的幼虫，是丝绸原料的主要来源，在人类经济生活及文化史上占据着重要的地位。蚕以桑叶为食，有时也吃鹅菜。茧是由一根长丝织成的，长300～900米。蚕有食疗功效。家蚕的虫及蛹都可以食用。成虫的蛾不能飞，被称为"蚕蛾"，可以用于产卵以繁殖后代。因为家蚕有悠久的历史，现代科学越来越重视对其基因的研究。

蚕是用卵繁殖的，一只雌蛾可产400～500粒蚕卵，看上去就像一粒粒芝麻。刚刚产下的蚕卵为淡黄色或黄色，经过一两天后变成浅红色，再经过几天后变成灰绿色或紫色，从此便不再发生变化，成为固定色。蚕卵外层是坚硬的卵壳，里面为卵黄和浆膜。在胚胎发育过程中，受精卵不断吸取营养，慢慢发育成蚁蚕，然后从卵壳中爬出来。刚从卵中孵化出来的蚕宝宝非常小，但它们的食量很大，因此长得十分快，没几天就变得白白胖胖的了。

蚕宝宝是个大懒虫。当它第一次蜕皮后就开始漫长的睡眠期，这时候，它几乎不吃不动，吐出少量的丝将腹足固定在蚕座上，头胸部扬起，好像睡着了一样。我们把它这个习惯称为"眠"。睡眠中的蚕宝宝，外表看上去纹丝不动，体内却进行着一次次的蜕皮活动。蚕宝宝共有5个龄期，经历4次蜕

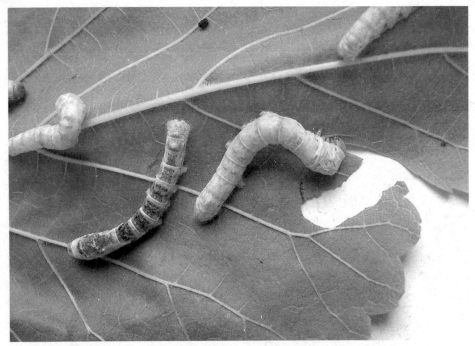

皮。5龄前期的时候，它的食欲会剧增，身体也会发生很大变化，"身高"增长，体重增加。5龄后期，它的食欲就开始递减，身体也会发生变化，并开始慢慢寻找结茧场所，为化蛹做准备。这个时期的蚕，称作熟蚕。

蚕结束幼虫期，开始进入蛹期时都会给自己织一件茧衣，将自己束缚起来。熟蚕会将丝吐出，粘结在找好的中心缠丝器，再吐丝将周围的缠丝器连接在一起，形成一个结茧支架，即茧网。茧网制成后，继续吐出凌乱的丝圈，加厚茧网内层，然后以"S"字形吐丝，开始出现茧的轮廓，即茧衣。茧衣的丝纤维细而脆，排列极不规则，丝胶含量也多。茧衣形成后，蚕体前后两端向背方弯曲，呈"C"字形，并继续地吐丝，直至自己觉得织成了最牢固的茧衣才停止。

人们历来都喜欢白胖胖的蚕宝宝。这不仅因为它洁白干净，更重要的是它能把桑叶变成洁白的蚕丝。很多养蚕人喜欢养雄蚕，这是因为雄蚕比雌蚕产丝多，而吃掉的桑叶又比雌蚕少。为什么雄蚕食量小却能吐出那么多的丝呢？这就要从蚕的特性说起。雄蛾成虫期的生活时间比雌蛾短，在与雌蛾交尾后，它们就会死亡。而雌蛾在交尾后，需要产出大量的卵。无论是雄蛾还是雌蛾，都是不吃食物的，它们靠体内积累的物质来维持生命。一般情况下，雄蛾体内积累的物质很少，雌蛾体内积累的物质比较多；因为雄蛾交尾后就会死去，而雌蛾则在很长一段时间里产卵延续种族。另外，雄蚕生殖腺发育需要的物质较少，不像雌蚕那样，在体内贮存卵粒需要大量的物质，因而雄蚕可以把较多的物质变成丝吐出作茧。

蚕刚刚化蛹时，肤色为淡黄色的，蛹体柔嫩，蛹皮稍硬。随着时间推移，当蛹皮开始起皱，并呈土褐色时，就预示着要破茧而出。蛾是蚕的成虫样貌。雌蛾体大，爬动慢；雄蛾体小，爬动较快，以翅膀发信号，寻找配偶。交配后的雄蛾死亡，雌蛾产卵后，也会慢慢死去。

循规蹈矩——松毛虫

中文名：松毛虫

英文名：Pine caterpillar

别称：毛虫、火毛虫

分布区域：全中国各省（自治区）

昆虫也会很守原则，当一群毛虫要搬家时，它们总会听从队长的话，乖乖地，亦步亦趋地跟在前面兄弟的后面。有时，尽管领队已经换虫了，但它们依旧听命令，从不会违规。这种昆虫就是松毛虫，毛虫是它的幼虫。它们虽然很守规矩，却是一种害虫，专门危害松、柏等树木。

松毛虫成虫为大中型蛾子。雄蛾触角近乎羽状，雌蛾呈短栉状。口须向前伸过"脸"面，覆有鳞片和毛。雄蛾腹部细狭，末端尖；雌蛾腹部肥胖，末端圆。前翅较狭长，翅顶稍圆；翅膀前缘过中点后逐渐弯曲；外缘相当弯曲，后翅宽；前缘比较直。老熟的幼虫体长在60～80毫米之间。头为褐黄色，中、后胸节背面有明显的毒毛带，体侧由头至尾有一条纵带。各体节带上白斑不明显，每节前方由纵带向下有一斜斑伸向腹面。成虫体色变化较大，由灰白到棕褐色。体长25～45毫米，翅展为70～110毫米。

不同种类的松毛虫，不论世代多少，生活习性大致近似。每到产卵季节，松毛虫妈妈便会精心为孩子搭建一个舒适安全的窝，呈小圆筒状，每个筒里是毛虫妈妈产下的排列整齐的300多枚卵。为保护孩子免受风雨袭击，雌虫会牺牲自身软毛覆在窝上，形成一个漂亮安全的庇护所，幼虫一般都在里面孵化。初孵幼虫在3龄前比较集中，有吐丝下垂习性，可借风力传播，幼虫以最

后一个龄期取食量最大，占整个幼虫总食量的70%～80%。老熟幼虫在树枝上、针叶丛中或灌木上结茧化蛹，其身体上及茧上均有毒毛。成虫多在傍晚羽化、交尾、产卵。

松毛虫只能在环境条件对它特别有利时，才能产生数量积累。这个首先形成的、最适合的小生活环境，称为发生基地。害虫发生基地是可以改变的。在营养丰富的条件下，幼虫生长健壮，成虫体形较大，翅膀也会增长、增大。当不同个体的蛹长、蛹重、产卵量、世代分化比率等都占据相当优势时，也十分有利于后代增殖。但是，如果营养不良，至少可引起雌雄之间较大差别。当蛹重减轻、产卵量减少，则大大影响后代繁殖。其繁殖的后代数量相差可达一倍以上。

松毛虫行走的时候一只跟着一只，从不单独行动，而且边走边用自己的口涎在地上为后面的同伴铺出一条丝轨(用放大镜才看得见)，它们从不离开这条丝轨。领头的队长只是临时的，它碰巧排在了头一位。它只好犹犹豫豫地向前走，总是忧心忡忡，因为它没有丝轨可依赖。昆虫学家法布尔做了一个实验：他把松毛虫的队伍引到一口水缸的缸沿上，使领头的队长跟在了最后一只松毛虫的后面，于是一场奇特的表演就开始了：松毛虫没有了队长，它们一只跟着一只，在缸沿上亦步亦趋地爬行，循环不止。

大有裨益——斑蝥

中文名：斑蝥

英文名：Spanish fly

别称：南方大斑蝥

分布区域：中国河南、广西、安徽、江苏、湖南、贵州

斑蝥属鞘翅目，亦称"大斑芫菁"。实际上，我们所说的斑蝥为芫菁科昆虫南方大斑蝥或黄黑小斑蝥。主要产于河南、广西、安徽、四川、贵州、湖南、云南、江苏等地，以河南、广西产量较大。

从形态上看，南方大斑蝥呈长圆形，长约1.5～3厘米，宽约0.5～1厘米。头及口器向下垂，有较大的复眼及触角各1对，触角多已脱落。背部有1对黑色革质鞘翅，鞘翅上面有3条黄色或棕黄色的横纹，下面有棕褐色薄膜状透明的内翅2片。胸腹部乌黑色，胸部有3对足，有特殊的臭气。

黄黑小斑蝥与南方大斑蝥外形和体色相似，但体形较小。主要区别在于黄黑小斑蝥每只翅膀的中部都有一个横贯全翅的黑横斑，左右两翅的弧状斑纹在翅缝处连合成一条横斑，弧形斑纹内又包围着一个黄色小圆斑；两侧相对，形似一对眼睛。在翅基外侧还有一个小黄斑，翅端部完全黑色，头部无红斑。

另外，斑蝥是一种害虫，喜群体栖息和取食，每年春季开始孵化，斑蝥具有复变态性，幼虫共6龄，以假蛹越冬。成虫4～5月开始危害庄稼，7～9月对庄稼危害最为强烈，多群集取食大豆、花生、茄子及棉花的芽、叶、花等。

　　斑蝥有休眠越冬的习性，通常以气温为15℃为宜。2008年2月，广西桂北、桂西、桂西北、桂中部分县市、遇上多年来罕见的冰冻灾害，使斑蝥越冬幼虫被冻死，再也不能产卵繁殖下一代。

　　斑蝥有很大的药用价值。据《中国药典》记载，斑蝥的化学成分主要是斑蝥素、脂肪、树脂、蚁酸、色素等。芫菁科的昆虫几乎都含有斑蝥素这种化学成分，这决定了它们药性的相近性。斑蝥毒性大，很容易引起中毒。

　　中药利用了斑蝥以毒攻毒的办法。临床用斑蝥素治疗原发性肝癌、肺癌、食道癌、直肠癌、乳腺癌等，有一定的近期疗效。另与化疗、放疗配合使用，能提高疗效，并能使患者的白细胞数不致严重下降。斑蝥素还能治疗慢性肝炎。这在一定意义上说，是对斑蝥研究应用的一个突破。正是基于此，合理地开发斑蝥具有重要的现实意义。

乔装打扮——竹节虫

中文名：竹节虫

英文名：stick insect

分布区域：热带和亚热带地区；中国湖北、云南、贵州

竹节虫是世界上最长的昆虫，一般长度为10～20厘米，最长的达33厘米。它们和其他昆虫一样，头部有1对细长的触角，胸部3节，各生有细长的足1对，宜于爬行。我国产的竹节虫，一般不长翅膀。

竹节虫行动非常迟缓，白天，它会静伏在树枝上，到了晚上才出来活动，吃树叶充饥。竹节虫的生殖很特别，交配后，一般是把卵单粒产在树枝上，卵需要经过1～2年才能孵化。有些雌性竹节虫不经过交配也能产卵，生下的后代无父，这种生殖方式就是孤雌生殖。竹节虫不是完全变态的昆虫，刚孵出的幼虫和成虫基本上一样。它们常会在夜间爬到树上，几次蜕皮后，它们就逐渐长大为成虫。竹节虫成虫的寿命不长，大约只有3～6个月。

因为竹节虫看上去很像小树枝，所以敌人一般发现不了它们。竹节虫很会伪装，只有在它爬动时，才会被发现。当它受到侵犯时，它会突然飞起，此时，它闪动的彩光就会迷惑敌人。但这种彩光闪的时间很短，当竹节虫着地收起翅膀时，彩光就突然消失了。这种"闪色法"，可以使许多昆虫从敌害手中逃脱。

竹节虫会变色，只要四周的环境一改变，它就可以很快地改变自己的体色。竹节虫的身体颜色多为绿色、褐色或者黄色，与周围的植物颜色相互掩

映，让人很难找到它们的藏身之处。它们长着1对小的复眼，脚的构造很适于沿着小树枝及树叶行走。

竹节虫是具有高超隐身术的昆虫，它最善于伪装。当它在植物上爬行时，能使自身的体形与植物形状相吻合，模仿成植物的枝或叶，十分逼真。如果不仔细观察，人们很难发现它的存在；同时，竹节虫还可以根据光线、湿度、温度的差异改变体色，把自身与周围的环境融为一体，这样，就能够避免引起鸟类、蜥蜴、蜘蛛等天敌的注意而安然无恙。竹节虫这种奇特的隐身生存行为，相比其他善拟态的昆虫，自然是技高一筹。隐身术的桂冠当然应归竹节虫所有。

竹林，是竹节虫生活的场所，竹节虫的身体细长而有分节，就像竹枝一样。竹节虫的前足短小，两对细长的中、后胸足紧贴在身体的两侧。其前足经常攀附在竹叶的柄基上，后足紧紧抓住竹节。当它在竹枝上休息时，有时会把中、后胸足伸开，不时微微抖动几下，就好像是竹枝受到了微风的吹拂。竹节虫胸足的腿节与转节之间存在缝隙，遇敌易断肢脱落，脱落后可以再生。

当它们进行两性生殖时，雌雄竹节虫尾部相接，头的方向相反，整个看起来像延长的竹枝，这种拟态是很奇妙的。竹节虫还有一手迷惑敌人的绝招：只要树枝稍被振动，它就会坠落在草丛里，收拢胸足，一动不动地装死，待周围风平浪静时，它就会偷偷溜之大吉。

当遇到危险时，竹节虫的脚紧紧抓住树枝一动不动，很容易被当作是一根普通的树枝而逃过劫难。如果不小心被猎物咬住脚，它还会弄断自己的脚，以求保全生命。

竹节虫的幼虫和成虫长得一模一样。竹节虫的外形和一片真正的叶子一样，有着许多叶脉。而它的腿脚像是几片碎裂的小叶子，竹节虫停在竹子上极像一根竹枝，停在叶子上又极像树叶的叶脉，这些伪装都是为了使敌人不容易发现自己。

变化多端——瓢虫

中文名：瓢虫

英文名：ladybird

别称：红娘、金龟、金龟子、臭龟子、花大姐

分布区域：全世界

瓢虫是世界上最受人们喜爱的小甲虫之一。它们的身体圆圆的，甲壳的颜色非常漂亮，有些是黑色带有黄色或红色斑纹的，有些是黄色或红色带有黑色斑纹的，也有些是黄色、红色没有斑纹的。

我们常常用"七十二变"来形容孙悟空的变化多端。对于瓢虫来说，"七十二变"算不了什么。瓢虫中变化最多的是眼斑灰瓢虫，有将近200种变化，这常常使人误以为瓢虫有很多种。

瓢虫和所有的野生动物一样，没有像人类那样可以庇佑自己的住所。当恶劣的天气来临的时候，它们只能坚强地忍受着，瓢虫会把自己藏在树叶下面，用树叶来挡风遮雨。

很多人都不知道，瓢虫还是个游泳和潜水的能手。有人曾做过这样一个实验：把一只瓢虫放到盛有水的洗脸盘中，这只瓢虫不仅可以在水面上游泳，还可以潜入水中自由行走。这个实验反复多次，共花费20分钟。后来，瓢虫爬上了洗脸盘的边沿，打开鞘翅在阳光下晒干后飞走了。

瓢虫的幼虫每天游弋在花草之间，捕食大量的蚜虫。它们的生活非常单调乏味，生命也非常短暂，从卵到成虫，发育过程需要经历一个月的时间。因

此，无论什么时候，我们都可以在花园里同时发现瓢虫的卵、幼虫和成虫。

随着瓢虫幼虫的生长，它的胃口越来越大，身体也随着发生了很大的变化。它的身体圆圆的，鞘翅光滑，黑色的鞘翅上长有斑纹，身体也在不断增长，此时，它们就必须挣脱旧皮肤的束缚，开始蜕皮。蜕皮是一个艰辛的过程。它们并不像我们脱掉旧衣服，再换一件大号外套那样简单。在瓢虫一生之中，需要经历5～6次蜕皮，每次蜕皮后，它的身体都会继续增长，直到积蓄足够的能量进入虫蛹阶段。

瓢虫比其他昆虫精明得多，它甚至在变成蛹的时候也留着个心眼。当蚂蚁碰到蛹时，蛹会忽然竖起来，这种举动会把蚂蚁吓得魂不附体，立即跑得无影无踪。

瓢虫从一只娇柔的幼虫变成强壮的成年瓢虫的过程，是令人难以想象的。在这个过程中，幼虫的身体会被分解，然后重新进行组合、调整，再进行修饰装扮，这一切都是瓢虫为了获得新的生命而付出的代价。当幼虫最后破蛹而出时，就会变成一只新的成年瓢虫。这时，还要经历一些新的转变，因为此时，瓢虫的身体仍旧柔软娇嫩，因为它还没有完全发育成熟，它必须暴露在阳光下，吸取养分，使它的体色逐渐加深，斑纹就会逐渐显露出来，几个小时之后，这只瓢虫就会变得和其他成年瓢虫完全一样了。

七星瓢虫是我们最常见的瓢虫，它的甲壳就像半个红色的小皮球，上面长着7个黑色的斑点。七星瓢虫个头不大，却是捕食蚜虫的好手，一只七星瓢虫一天可吃掉上百只蚜虫。

瓢虫的幼虫脚底下会分泌出一种黏黏的液体，它的尾部有一个吸力强大的吸盘，这样的生理结构可以帮助幼虫在光滑的树干或树叶上活动自如，而不会滑落。瓢虫的脚关节处能分泌出一种很臭的黄色液体，使它能有效地摆脱敌人的追捕。

余音绕梁——螽斯

中文名：螽斯

英文名：katydid

别称：蝈蝈、螽斯儿

分布区域：几乎遍及世界各地

　　螽斯科昆虫最出名的就是促织和蝈蝈。夏日炎炎，常能听到它们引吭高歌，铿锵有力。尤其是蝈蝈，天气越热，叫得越欢。我国谚语有云："蝈蝈叫，夏天到。"在我国的南北方，均有它们的"声"和"影"。螽斯是昆虫歌手的代表，那么除去唱歌，它们还有其他特征吗？

　　螽斯的外表看起来很像蝗虫，但仔细观察，你就会发现，它们身体上的"盔甲"远不如蝗虫那样坚硬。最重要的是，它们长着纤细如丝、长过其自身的触角。而蝗虫类的触角又粗又短，螽斯的叫声具有金属的感觉，比蟋蟀的更响亮、尖锐而且更加刺耳，有的可以传百米之远。螽斯的个头与鸣声也不尽相同，体形亦有差异，有的细长，例如纺织娘；有的短粗像蝈蝈。它们的"嘴"比较馋，肉和植物都吃。

　　螽斯奇妙的"耳朵"叫做"听器"，竟然长在前腿上。在螽斯第一对附肢上各有一个长卵圆形的裂缝，直通一个囊袋，袋的底部是一层绷得很紧的薄膜，宛如鼓膜一般，称为鼓膜器。当声波传来时，鼓膜器的薄膜就会引起振动，再通过神经细胞传给大脑产生听觉，其作用与高等动物的耳朵相似。

　　能够发出声音的只是雄性螽斯，雌性是"哑巴"，但有听器，可以听到雄

虫的呼唤。在求偶前，几只雄虫会同时发出"唧唧"的求婚曲，且往往一唱就是几个小时，所以有人称它们为不知疲倦的"单身汉"。当雌螽斯听到它们发出的邀请后，就会闻讯赶来，选中歌声最洪亮者作为自己的"恋人"。然后，"结婚"生子，繁衍后代。当两只雄虫相遇时，便高唱"战歌"，摇动触角，搏斗大有一触即发之势。如果周围出现异常或危险，螽斯便发出"警报"，通知其他螽斯。

　　螽斯科的后脚很发达，在遇到危急时，会快速弹跳，这是它们躲避敌害自保时的惯用伎俩。不过，螽斯的自卫绝招是它们天然的保护色。螽斯几乎清一色是绿色或褐色，有些螽斯的外观还会拟态树叶或枯叶。因此，当它们不鸣叫的时候，天敌是不会一眼就能发现它们的行踪的。即便一不小心被捉住一条腿，它们也会毫不犹豫地"丢足保身"，断腿逃窜。

贪心不足——豆天蛾

中文名：豆天蛾

英文名：Clanisbilineata tsingtauica mell

别称：鸢色雀蛾（日本）

分布区域：中国、韩国、日本

豆天蛾又名豆虫，是大豆生长过程中的暴发性害虫。主要寄主植物有大豆、绿豆、豇豆和刺槐等。

从形态上看，豆天蛾的成虫体黄褐色，头、胸暗紫色。体长4～5厘米，前翅狭长，由深淡两色组成，后翅小，暗褐色。幼虫头顶较宽而圆，体色黄绿。蛹体长4～5厘米，红褐色，纺锤形。由此可见，豆天蛾也是一种变态发育的昆虫。

豆天蛾的成虫昼伏夜出，白天栖息于生长茂盛的作物茎秆中部，傍晚开始活动。飞翔能力很强，可作远距离高飞。有喜食花蜜的习性。卵多散产于豆株叶背面，少数产在叶正面和茎秆上。每叶上可产1～2粒卵。

豆天蛾是一种农业害虫，主要体现是幼虫取食豆叶，轻则食成孔洞和缺口，重则将豆株吃成光秆，使豆株不能结实，严重影响大豆产量。豆天蛾每年发生1～2代，一般黄淮流域发生一代，长江流域和华南地区发生2代。以末龄幼虫在土中9～12厘米深处越冬，越冬场所多在豆田及其附近土堆边、田埂等向阳地。

豆天蛾在化蛹和羽化期间，如果雨水适中，分布均匀，发生就早。雨水过多，则发生期推迟，天气干旱不利于豆天蛾的发生。在植株生长茂密，地势低洼，土壤肥沃的淤地发生较重。大豆品种不同受害程度也有异，以早熟，秆叶柔软，含蛋白质和脂肪量多的品种受害较重。豆天蛾的天敌有赤眼蜂、寄生蝇、草蛉、瓢虫等，对豆天蛾的发生有一定的控制作用。

豆天蛾虽然是一种害虫，但是也有其可贵的一面。在江苏一些地方，在大豆地里放养豆天蛾。由于放养了豆天蛾，所以不能喷农药。最后黄豆的产量略有减产(约10%)，但每亩多收了20～30千克豆天蛾幼虫，而每千克豆天蛾幼虫的市场价在20元左右。因此，每亩可增收几百元。既节省了农药费用，而生产的大豆又是无农药残留的健康食品。

害人不浅——蚜虫

中文名：蚜虫

英文名：aphid

别称：蜜虫、腻虫等

分布区域：北半球温带地区和亚热带地区

蚜虫俗称腻虫或蜜虫等，隶属于半翅目，包括球蚜总科和蚜总科。目前世界已知约4700余种，中国分布约1100种。前翅4～5斜脉，触角次生感觉圈圆形，腹管管状。其中小蚜属、黑背蚜属及否蚜属为中国特有属。

蚜虫体小而软，大小如针头。腹部有管状突起(腹管)，吸食植物汁液，为植物的大害虫。不仅阻碍植物生长，形成虫瘿，传布病毒，而且造成花、叶、芽畸形。

甘蓝蚜，俗名菜蚜，形小、灰绿色，有粉状蜡质覆盖物；群居在卷心菜、花椰菜、抱子甘蓝、萝卜等的叶背面，在北方以黑色的卵越冬，在南方无有性期。可用药粉或喷雾剂控制。菜蚜成体黄绿色，头、足黑色；卵黑色，产在惟一的宿主——苹果树上越冬。一种烟熏菌靠它的蜜露生长。

蚜虫分有翅、无翅两种类型，体色为黑色，以成蚜或若蚜群集于植物叶背面、嫩茎、生长点和花上，用针状刺吸口器吸食植株的汁液，使细胞受到破坏，生长失去平衡，叶片向背面卷曲皱缩，心叶生长受阴，严重时植株停止生长，甚至全株萎蔫枯死。蚜虫为害时排出大量水分和蜜露，滴落在下部叶片上，引起霉菌病发生，使叶片生理机能受到障碍，减少干物质的积累。

受蚜虫侵害的植物具有多种不同的症状，如生长率降低、叶斑、泛黄、

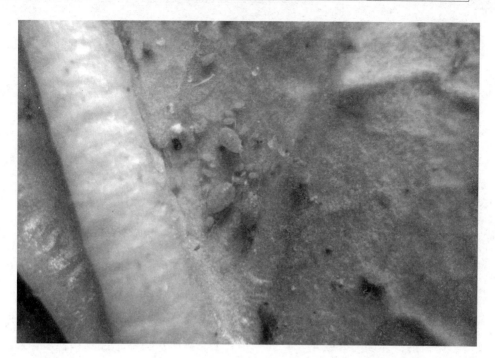

发育不良、卷叶、产量降低、枯萎以及死亡。蚜虫对于汁液的摄取导致植物缺乏活力，而蚜虫的唾液对于植物也有毒害作用。蚜虫能够在植物之间传播病毒，例如桃蚜是超过110种植物病毒的载体，棉蚜常常传播病毒于甘蔗、番木瓜和落花生身上。

蚜虫的繁殖力很强，一年能繁殖10～30代，世代重叠现象突出。当5天的平均气温稳定上升到12℃以上时，便开始繁殖。在气温较低的早春和晚秋，完成1代需10天，在夏季温暖条件下，只需4～5天。它以卵在花椒树、石榴树等枝条上越冬，也可停留地内以成虫越冬。气温为16～22℃时最适宜蚜虫繁育，干旱或植株密度过大有利于蚜虫为害。

蚜虫与蚂蚁有着和谐的共生关系。蚜虫带吸嘴的小口针能刺穿植物的表皮层，吸取养分。每隔一两分钟，这些蚜虫会翘起腹部，开始分泌含有糖分的蜜露。工蚁赶来，用大颚把蜜露刮下，吞到嘴里。一只工蚁来回穿梭，靠近蚜虫，舔食蜜露，就像奶牛场的挤奶作业。蚂蚁为蚜虫提供保护，赶走天敌；蚜虫也给蚂蚁提供蜜露，这是一个和则两利的交易。

臭不可闻——蝽象

中文名: 蝽象
英文名: Bug
别称: 放屁虫、臭板虫、臭大姐
分布区域: 中国四川、湖南、云南、广东、广西和台湾

　　蝽象的身体多为椭圆形，背面平坦，上下扁平。口器长成喙状，适合插入植物体内吸食汁液，不用时则贴置于头部和胸部的下方。头部多呈三角形或五角形。触角多为丝状。复眼很发达，突出于头部两侧。前胸背板发达，通常呈六角形，有的呈长颈状，两侧突出成角状。中胸小盾片发达，通常呈三角形，也有的呈半圆形或舌形，有的种类特别发达，可将整个腹部盖住。通常有2对翅，前翅近胸部处为肥厚的角质状，近尾部处为柔而薄的膜质状。胸足类型因栖境和食性不同而常有变化，除基本类型为步行足外，还有捕捉足、游泳足和开掘足等。

　　蝽象为肉食性的昆虫，在捕食时常常直接将猎物杀死，或者吸食它们的血液。在热带地区，有的蝽象还生活在人类的房屋内，白天躲藏起来，夜晚出来活动，从睡着的人身上吸食血液，因而能传播一些危险的疾病。

　　当蝽象遇到鸟类、蛙类、爬虫类等向它进攻时，便会立即施放臭气进行自卫，从尾部喷射出一股股青烟，随着阵阵"劈啪"声，散发出一股股难闻的臭气，对方闻到臭味不敢侵犯，自己乘机逃之夭夭，这也是它们"臭屁虫"名字的来历。这种开炮似的连续发射气体，还能为同伴发出"集合"或"分

"散"的信号。

在交配季节，很多种类的蝽象也能像蝗虫那样，通过它的腿和翅的相互摩擦来发声，或者是通过腹部之间的骨片相互"弹拨"、摩擦来发声，这种声音人耳也能听到。有的蝽象身体内有鼓膜器，它们能像蝉那样通过鼓膜振动来发声。

雌蝽象会在树木的叶背产下70～80粒卵。雌蝽象在产卵后马上就爬上去，开始守护。它会把卵藏在自己腹下，使它们避开敌害的侵袭。蝽象幼虫出生后会继续隐藏在雌蝽象的身体下，一般会群集30～60只之多。再经过几天之后，幼虫能够自己自由行动了，不久它们就三三两两离开雌蝽象，开始外面世界的生命旅程。

蝽象的别名是"臭屁虫"或"臭大姐"，是臭名远扬的家伙。对于人类和其他生物来说，这种气味可能很讨厌，可是对于蝽象却非常重要，除了具有特殊的防御意义外，还与性的诱惑有密切关系。因为雌蝽象和雄蝽象之间甜蜜热恋的呢喃细语，就是通过这种气味来传递的。所以对于蝽象来说，这种气味不仅是让它们心情愉悦的"香味"，也是为生存和繁衍后代所必不可少的

"仙气"。

蜣螂幼虫有特殊的臭腺孔，里面也藏有臭腺，在这座天然的"臭气仓库"里能分泌一种挥发性的臭虫酸。幼虫总是用臭液涂湿整个背面用以自卫。这种液体不仅气味强烈，而且毒性相当强，其臭气程度取决于臭虫酸含量的多少。与成虫最大的不同的是，幼虫的"臭气弹"还是进攻性的"武器"，有时强烈的"臭气弹"能使被喷到的其他小动物的身体在几分钟内麻痹，有的甚至丢掉性命。当幼虫经过多次蜕皮，长大为成虫后，臭腺开口的位置才转移到胸部的腹面，有的开口于左右足的基节附近。

除了通过释放臭气来驱赶敌人外，许多蜣螂还利用身体上的鲜艳的保护色来迷惑敌方，或者利用身上奇特的鬼脸般的图案来威吓敌方。这样一来，那些感受过蜣螂臭气滋味的捕食性动物一见到蜣螂身体上的"警告"信号就会"退避三舍"，主动放弃进攻。

为非作歹——蝗虫

中文名：蝗虫

英文名：locust

别称：蚱蜢

分布区域：全世界的热带、温带的草地和沙漠地区

蝗虫是喜欢群居的短角蚱蜢类昆虫，它们在这个世界上存在的数量非常多，可以适应很多不同的环境，所以生命力非常顽强。尤其值得一提的是，蝗虫适应干燥环境的能力非常强，这是因为它们身体有着和其他昆虫不一样的构造。在它们的身体表面，有一层非常坚硬的外骨骼，可以保护虫体的内

部器官，更重要的是可以防止身体内部的水分的流走。这是适应陆地生活的特点之一。和其他的昆虫相比，蝗虫能够适应干燥甚至干旱环境还有另外一个原因，这就是由于干旱使得别的动物和昆虫数量减少，可以将蝗虫很容易得病的一种菌被消灭掉，而且在坚实的、含水量不多的土壤里它们更能够大量繁殖，也能够更好的生长发育。

蝗虫还有哪些生活习性呢？蝗虫们除了不怕干燥以外，它们惧怕炎热吗？它们像其他昆虫那样需要避暑吗？

蝗虫们都非常适应在干燥的环境里面生活，当天气炎热而又干旱的时节来临时，别的昆虫们早就逃走到凉爽湿润的地方去避暑，而它们却开始频繁活动了。这时候它们开始占领土地、繁殖后代。甚至连它们的天敌都对它们无可奈何。每当夏天和秋天来临的时候，蝗虫们便开始繁殖后代了。科学家们研究发现，蝗虫们在比较炎热的环境中生产活动进行的特别活跃，这时候身体生长的也特别快，所以它们不怕热，也不需要避暑。而且到了炎热的夏季或是秋老虎耍威风的季节，正是蝗虫们羽化的好时候。

说起蝗虫的习性，还有很重要的一点。原来蝗虫还是个大肚将军！别看它们体型不大，食量可不小呢！而且它们吃的食物也很杂，像地里的庄稼比如小麦、玉米、稻谷、高粱等等，除此之外，它们还吃一些像是芦苇、茅草和盘草之类的草本科植物和灌木、果树之类的植物。蝗灾严重的时候，小小的蝗虫们组成的大军一天竟然能吃掉16万吨的粮食！那么，蝗虫的小小的胃里是怎么样能够承受那么大的食量呢？其实，蝗虫们吃东西的方式并不是像我们人类一样，一日三餐正常，它们吃饭的方式是在一个生长期内，大约是7～10天。在这段时期，它们就疯狂的吞食着粮食和作物，由此看来，处在生长期的蝗虫们真的是名副其实的大胃王。

你知道吗？因为蝗灾严重的时候会给农民伯伯带来非常严重的损失，所以，人们就想出了一个好办法来消灭蝗虫。利用它咀嚼的生活习性来把农药喷洒在它们吃的植物上面，这样，贪吃的蝗虫们在尽情地吃着庄稼的时候就被消灭了。

深恶痛绝——蟑螂

中文名：蜚蠊
英文名：cockroach
别称：蟑螂、小强
分布区域：全世界

现存的最古老的昆虫是蟑螂，堪称昆虫界的活化石，但是这个活化石并不受到人们尊敬，反而是蟑螂过街，人人喊打，因为它作恶多端。蟑螂学名叫做蜚蠊。地球上大概有3500种，分布在世界的各个角落，尤其是一些不是很干净的厨房、卧室和卫生间。每天都有操着不同语言不同口音的家庭主妇诅咒蟑螂去死，但是很遗憾，蟑螂可能是我们这个世界上生命力最强的生物之一。蟑螂在没有食物的情况下，可以存活一个月之久。而且它们的繁殖能力还异常惊人，一对蟑螂"夫妻"在衣食无忧的情况下一年就可以繁殖数十万只后代，并且雌蟑螂可以无性繁殖三代以上。如果有一天核战争突然爆发的话，在污染区域可能所有的生物都会死去，包括人甚至鱼类，但是蟑螂会幸存下来，继续快乐地生活。这是因为通常情况下人类身体所能忍受的放射量为5雷姆(雷姆，一种核辐射的测量单位)，一旦总辐射量超过800雷姆则人必死无疑。而德国小蠊可以忍受$9 \times 10^3 \sim 1.05 \times 10^5$雷姆，美洲大蠊则达到$9.675 \times 10^5$雷姆！所以即使有原子弹爆炸，蟑螂也可以幸存下来。现在美国政府一年用来消灭蟑螂的费用大约是防治艾滋病预算的2倍，达到15亿美元。看来人们称呼蟑螂为"不死小强"果然是很有道理的。

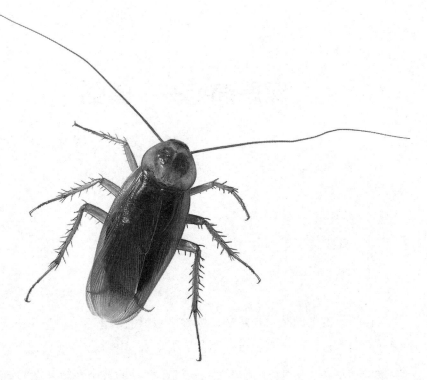

蟑螂的食物种类非常广泛，是杂食性昆虫。例如在厨房和食堂，它们可取食各类食品，包括面包、米饭、糕点、荤素熟食品、瓜果以及饮料等，尤其喜食香、甜、油的面制食品。蟑螂有嗜食油脂的习性，在各种植物油中，香麻油对它们最有诱惑力，所以有些地方称它们为"偷油婆"。在食糖中，红糖、饴糖对它们的诱惑力最强。除了喜爱各类食品外，蟑螂也常咬食其他物品，例如在住房、储藏室、仓库等处，它们可啃食棉毛制品、皮革制品、书籍、纸张、肥皂等。在室外垃圾堆、厕所和阴沟等场所，它们又以腐败的有机物为食，甚至啃咬动物尸体。蟑螂可携带致病的细菌、病毒、原虫、真菌以及寄生蠕虫的卵，并且可作为多种蠕虫的中间宿主。

蟑螂携带40种对脊椎动物致病的细菌，其中如传染麻风的麻风分枝杆菌、传染腺鼠疫的鼠疫杆菌、传染痢疾的志贺氏痢疾杆菌、引起尿道感染的绿脓杆菌、引起泌尿生殖道和肠道感染的大肠杆菌以及传播肠道病和胃炎的多种沙门氏菌等。此外，蟑螂还可携带引起食物中毒的多种致病菌。蟑螂还可以感染导致亚洲霍乱、肺炎、白喉、炭疽以及结核等病的细菌，携带蛔虫、十二指肠钩口线虫、蛲虫等多种蠕虫卵。

虽然蟑螂可携带多种病原体，但属于机械性传播媒介，病原体在它们体内不能繁殖。然而由于它们的侵害面广、食性杂，既可在垃圾、厕所等场所活动，又可在食品上取食，因而它们引起肠道病和寄生虫卵的传播不容忽视。此外，蟑螂体液和粪便引起过敏的病例也逐年增加，在家庭中也发生过蟑螂钻进熟睡孩子耳道内的病例。

再者，工厂产品、商店商品以及家中食物等都可因蟑螂咬食和污染造成经济损失。国外有人称蟑螂为"电脑害虫"，因为遭到蟑螂侵害而导致通信设备、电脑等出现故障，造成严重的经济损失。

藏身有术——介壳虫

中文名：介壳虫

英文名：Scale insect

分布区域：全世界

说起介壳虫，人们都知道它是一类常见的世界性害虫。它们体形较小，仅有0.2～1.5厘米，主要寄生于植物枝叶上吸食汁液，使叶子枯萎死亡，造成危害。

它们是举世公认的害虫，非常不讨人喜欢，所以很少有人愿意去深入了解它们。比如对于它们具有高超的隐身自卫术这一点，很少有人知道。它的隐身术非常巧妙，如果不仔细观察，人们是很难发现它的"庐山真面目"。

我们所知道的会隐身的昆虫不少，但它们跟介壳虫的隐身术比起来，那就是"小巫见大巫"了。也许说出来很多人都难以相信，介壳虫竟然会聪明到用仿花的形式来隐藏自身。它们利用自己的蜡质分泌物织成自然逼真、飘逸舒展的花瓣，如果不告诉你真相，你一定不会知道这些花原来是介壳虫造的小房子。

介壳虫的种类繁多，藏身的招数当然也各不相同。有一些介壳虫能分泌蜡质，把自己包裹得严严实实，仿佛建造了一座碉堡。生活在这座碉堡里的介壳虫就像戴了一个巨大的防毒面具，对它们来说，中毒死亡几乎是不可能的。

另外，还有一些介壳虫能分泌蜡粉装扮自己，以此来迷惑人类和天敌，

并使其猜不透它究竟是虫子还是别的什么东西。它们的样子有圆形、长形、丝状、线状等等，有的介壳虫就像人身上长的疥疮，还有的就像海滩上的牡蛎。总之，奇奇怪怪，形形色色。而它们所做的这一切精美绝伦的变身，全都是为了保护自己。

介壳虫虽然是大害虫，但在某些方面也体现出了它们的价值。比如，有一种介壳虫会分泌出美丽的红色颜料，并因此拥有了一个美妙的名字——胭脂虫。胭脂虫的生活环境比较特殊，它们通常喜欢成群地寄生在多刺的仙人掌上，被有白色蜡粉和丝线状覆盖物。当一个虫体不小心被挤碎后，鲜红的颜色就可以清楚地显示出来。

也正是因为它的这个特点，人们看到了它的经济价值。很久之前，墨西哥人就用这种昆虫分泌的颜料来制漆或是染布。到了1600年，胭脂红成为墨西哥一种重要的出口产品，产值上仅次于金银。

铠甲勇士——独角仙

中文名：独角仙

英文名：Unicorn

别称：双叉犀金龟、兜虫

分布区域：中国吉林、辽宁、河北、山东、河南、江苏、安徽、浙江、湖北、江西、湖南、福建、台湾、广东、海南、广西、四川、贵州、云南；朝鲜、日本

在昆虫的王国里，甲虫给人留下"一介武夫"的形象，它们不但长得威武雄壮，而且特别喜欢打斗。如果非要给它们中间找一个领袖的话，那就非独角仙莫属了。它是甲虫世界里有名的大力士，对打架情有独钟。

独角仙又称双叉犀金龟，全身披有坚硬的革，像一个善战的铠甲勇士。除了犄角，其体长达35～60毫米，体宽18～38毫米；体形呈长椭圆形，脊面十分隆拱；体色栗褐色或深棕褐色，头部较小。雄性与雌性区别很大，雄虫头顶有一个末端双分叉的角突，前胸背板中央有一个末端分叉的角突，背面比较滑亮；雌虫体形略小，头胸上没有角突，但头面中央隆起，横列小突3个，前胸背板前部中央有一丁字形凹沟，背面较为粗暗。3对长足强大有力，末端均有1对利于爬攀的有力利爪。

从独角仙的名字我们可以看出，大力士甲虫之称的缘由绝不是因为它们的体长，而是因为它们具有惊人的力量——它们的外壳可承受相当于自身体重800多倍的重量。它的后翅伸展宽大，当它从夜空中呼啸而过时，能清晰地

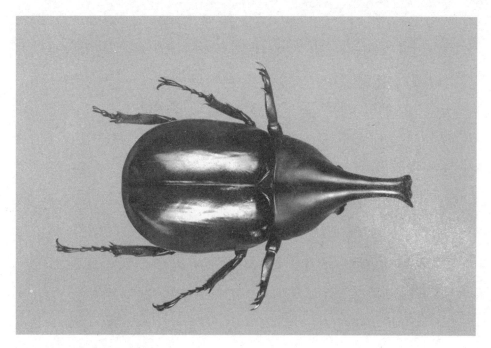

听到它振动翅膀的声音。

　　独角仙虽然长得雄壮威猛，可并不具有攻击性，它是个地地道道的素食主义者，只以蔬菜为食。不过，到了交配季节，平时老老实实的它们就会变成凶猛无比的斗士，上演激烈的"夺妻大战"。它们会毫不手软地把犄角插到对方的腹下，然后高高举起，使对方飞出去。

　　独角仙是完全变态昆虫，一生要经历卵、幼虫、蛹、成虫四个阶段。幼虫大多数栖居于树木朽心、锯末木屑堆、肥料堆和垃圾堆，甚至是草房的屋顶间，它们以朽木、腐烂植物质为食，不危害作物和林木，是一类益虫。幼虫期一共要脱皮两次，成熟幼虫体形大得像剥了皮的鸡蛋一般，通常弯曲呈"C"形，老熟幼虫在土中化蛹。8个多月后，独角仙变身成功，并在每年的七月左右开始活跃起来，夜出昼伏，以树木伤口处的汁液或熟透的水果为食。

　　虽然在甲虫世界中，几乎找不到与独角仙匹敌的对手，它们拥有"铁甲战士"的王冠，却很少看到它们作威作福，也很少爆发血腥的战争。由此看来，独角仙确实是一类可爱的甲虫，难怪人们对它赞誉有加了。

危害树木——天牛

中文名：天牛

英文名：longhornedbeetles

别称：啮桑、啮发、天水牛、八角儿、牛角虫

分布区域：全世界

天牛种类繁多，仅在我国发现的就有1 600多种。它们身体一般是呈长圆筒形的，背部略扁，最具特征的就是它们头上那一对非常长而且细的触角。前翅已经硬化形成鞘翅，保护腹部和呈膜质、薄而脆的后翅；后翅很发达，非常适于飞行。

天牛被人们称之为"锯树郎"，因为它们有时会发出一种"咔嚓、咔嚓"像锯木头似的响声。这是因为它们的中胸背板上有一个发音器，每当中胸背板与前胸背板相互摩擦之时，就会振动发音器发出这种奇怪的声音来。此外，我国南方有些地区称之为"水牯牛"，北方有些地区称之为"春牛儿"。此虫因种类不同，体形的大小差别极大，最大者体长可达11厘米，而小者体长仅0.4 ~ 0.5厘米。我国华北有一种叫做长角灰天牛的，其触角长度可达自身体长的4 ~ 5倍，普通所见的天牛，其触须亦可达10厘米左右。另外一个特征就是它强有力的下巴。天牛体色大多为黑色，体上具有金属的光泽，其成虫常见于林区、园林、果园等处，飞行时鞘翅张开不动，由内翅扇动，发出"嘤嘤"之声。天牛是危害杨、柳、桑、槐、梧桐、苦楝等树木的害虫。

天牛是一种很懒惰的昆虫，虽然善于飞行，却不太热衷于飞行，总是会

选择一处清静的大树，静静地歇在树干或树枝上。雌虫产卵于松树的树皮缝内，幼虫孵化后白白胖胖的，它们的上颚非常发达，专门以蛀食树干为生。它们把树干蛀食成横七竖八的隧道，坑道内堆满了它们的粪便，使木质部与树皮脱离，不能运输水分及养料，树木就慢慢枯死。这些幼虫成熟以后又潜入木质部，钻成许多孔洞，并做成蛹室在其中化蛹，成虫羽化后继续去危害其他的松树。由于这种天牛危害成灾，常常给林业带来很大危害。

　　天牛的生活因种类而异，有的1年完成1代或2代，有的2～3年甚至4～5年才能完成1代。在同一地区，食料的多寡以及被害植物的老幼和干湿程度都影响幼虫的生长发育和发生的代数。一般以幼虫或成虫在树干内越冬。成虫羽化后，有的需补充营养，取食花粉、嫩枝、嫩叶、树皮、树汁或果实、菌类等，有的不需补充营养。成虫寿命一般10余天至1～2个月；但在蛹室内越冬的成虫可达7～8个月，雄虫寿命比雌虫短。成虫活动时间与复眼小眼面粗细有关，一般小眼面粗的，多在晚上活动，有趋光性；小眼面细的，多在白天活动。成虫产卵方式与口器形式有关，一般前口式的成虫产卵时将卵直接产入粗糙树皮或裂缝中；下口式的成虫先在树干上咬成刻槽，然后将卵产在刻槽内。蛹期约10～20多天。

　　天牛的幼虫蛀食树干和树枝，影响树木的生长发育，使树逐渐衰弱，从而导致病菌侵入，也易被风折断。受害严重时，整株死亡，木材被蛀，失去工艺价值。

长鼻子昆虫——象鼻虫

中文名：象鼻虫

英文名：snout beetle

别称：玉米象

分布区域：中美洲

象鼻虫家族是昆虫王国中种类最多的。它们害怕严寒，刚到秋天就会进入冬眠状态，直到来年的春天才会苏醒。不幸的是，寒冷的冬季仍会把它们冻死一大片。不过，这对我们人类来说可是一件大好事，因为它们对农作物的危害很大。

尽管象鼻虫多为害虫，但它们的长相倒是十分可爱的。尤其是幼虫，它们的身体胖乎乎的，还能弯曲成"C"字形。尽管看起来很柔软，但是象鼻虫的头部可是非常发达的，能钻入植物的根、茎、叶或谷粒、豆类中蛀食。不过你大可放心，它们并不咬人。

如果你看到象鼻虫，肯定会不由自主地想起大象的长鼻子，这就是它们名字的由来。不过，你可千万别以为这个器官就是它们的鼻子。事实上，那不过是象鼻虫用来嚼食东西的嘴巴而已。这个长长的嘴巴，几乎有它们身体的一半那么长。

象鼻虫喜欢棉花在昆虫界可是出了名的。尽管并不是所有种类的象鼻虫都会对棉花造成危害，但大部分象鼻虫都爱吃棉花的芽和棉桃，就连卵也喜欢产在棉花上。孵化出来的幼虫是浅黄色的，很贪吃。它们能在植物之茎内

或谷物中蛀食。有些种类，甚至在根内穿刺。因此，每至风大的时候，作物常从受害部折断。

象鼻虫妈妈往往会用它们长长的嘴巴在植物的身上钻一个管状的洞穴，然后把卵产在里面。有的象鼻虫自己就能完成子孙的繁衍。象鼻虫的寿命只有3个星期，尽管生命有限，却能产下4代甚至更多的后代。

第三章

在地下生活的昆虫

一些以植物的根和土壤中的腐殖质为食料的昆虫，它们常常活动在地下土壤中，这些昆虫害怕光线，白天很少在地面出现，只有到晚上或是阴雨天它们才会跑出来活动。例如蝼蛄、地老虎、蝉的幼虫等。

美丽衣裳——虎甲虫

中文名：虎甲

英文名：tiger beetle

别称：拦路虎、引路虫

分布区域：中国、印度、缅甸、尼泊尔、锡金

鞘翅目虎甲科昆虫统称为虎甲，最常见的有中华虎甲、多型虎甲。虎甲个头中等，全身颜色鲜艳，色彩斑斓。头较大，前口式，上颚很大，左右交叉。虎甲属于肉食性昆虫。它们一般在白天活动，以路上的一些小虫为食。如果有人接近虎甲，虎甲就会向前进行短距离的飞翔，因此，人们称它们为"拦路虎""引路虫"。

鞘翅目虎甲科甲虫一共大约有2000多种，之所以会得到这样一个名字，是因为其贪食的习性。幼虫常常深居在垂直的洞穴中，它们的洞穴很深，有时会达到67厘米之深。而且，它们不会外出猎食，只是在洞穴口等候包括蜘蛛在内的一些昆虫，当猎物靠近，它们会用镰刀状的上腭捕捉，然后拖往穴底食用，食用之后食物残渣会被清理出洞穴外。虎甲幼虫的这种"守株待兔"的捕食方式，常常使得经过的小昆虫遭到其袭击。

虎甲幼虫为什么会有这样奇特的捕食方式呢？如果遇到体积庞大猎物的话，它们会不会被拉出洞穴外面呢？回答显然是否定的。这是因为在虎甲虫的背部有1对倒钩，当捕获猎物时可以钩住洞穴周围，这样就避免了因捕获物的挣扎而被拉出洞外。

　　虎甲成虫细长，约10～20毫米，足长，眼突出，视觉非常敏锐。它们的外表颜色多变化，为蓝、绿、橙或猩红色，而且具有虹彩光泽。这是由于外骨骼释放的色素而形成的，而难以控制的颜色是由外骨骼的表皮特征所造成的。

　　世界各地都有虎甲虫，亚热带或热带地区最多，在有阳光的道路或沙地上，人们经常会发现虎甲虫的踪迹。常见的多数虎甲虫的鞘翅都有涡卷形斑纹，在沙地栖息的虎甲虫颜色很浅，与周围环境的颜色一样。

　　虎甲是陆地上奔跑最快的生物(按体长比例计算)，每秒钟可以移动其自身体长的171倍。有一种生动的计算：如果将虎甲放大到与人类身高相等的长度，其奔跑速度是一级方程式赛车车速的两倍有余，可见其奔跑速度是相当惊人的。

　　有趣的是，由于其复眼结构的限制和大脑处理能力不足，虎甲在极速奔跑时，会导致瞬间失明，所以在追捕猎物的过程中，它们会时常停下来重新定位猎物，然后继续追杀。由于虎甲虫奔走和飞行都非常迅速，所以很容易就能捕获各种猎物。猎物被捉住时，虎甲会用长颚狠咬。

　　虎甲科昆虫在热带地区一年一代，在寒冷地区可延长至2到3年一代。卵产于土中，散产，产卵时雌虫先在地面上挖坑，每坑产1枚卵。幼虫潜伏在洞中，洞的长短和深浅因土质的坚硬程度而有所不同：在坚硬的土质中，洞稍长于幼虫虫体；而在松软的土质中，洞可达1米多深。它们一般以幼虫越冬，老熟幼虫在土穴内化蛹，化蛹前先将穴口封闭，形成蛹室。只有少数种类以成虫越冬。树栖种类的雌虫以产卵管在树皮上穿一洞，深入到木髓，产出一粒卵后，雌虫就会将洞口封闭，幼虫发育时洞穴会逐渐增大。

让人觉得新奇的是，虎甲因其色彩艳丽、蛹外形奇特而且较容易饲养，成为新近比较受欢迎的昆虫宠物之一。

五项全能——蝼蛄

中文名：蝼蛄

英文名：mole cricket

别称：拉拉蛄、土狗

分布区域：中国江苏、浙江、山东、河北、安徽、辽宁

在所有的昆虫中，人们把蝼蛄称为"五项全能"的好手。这是因为，蝼蛄善于游泳、疾走、飞行、挖洞和鸣叫。这些才能被蝼蛄集于一身，虽不能说是样样精通，但可以说是独一无二的。

蝼蛄对于农村生活过的人来说，并不陌生。每到插秧季节，大田灌满水后，蝼蛄的家园就会被冲毁，于是它们纷纷从洞中跳出来逃命。有的蝼蛄能在水面上游泳，有的则在田埂上快走。到了晚上，它们就会飞向有灯光的地方，不愧是会游、善跑、能飞的"海陆空"全能健将。

蝼蛄有惊人的挖洞本领。传说很早以前，有个皇帝横征暴敛、欺压百姓，实在无法生活下去的百姓，就联合起来造反。他们拿起锄头、扁担冲进了皇宫，皇帝听到了百姓造反的消息后，惊慌地逃跑了。百姓紧紧追赶，喊声震天，皇帝惊慌失措，正在无处藏身时，突然看见路旁有个蝼蛄挖的土洞，就迅速钻了进去，这才躲过了"灭顶之灾"。因此皇帝非常感激蝼蛄，为报答救命之恩，特赐给蝼蛄一块地，地上的禾苗它们可以随便吃。这个传说虽不太可信，但是蝼蛄挖洞的能力确实是十分强大的。

前足是蝼蛄挖洞的主要工具。它长在蝼蛄的胸部，上面有一排大钉齿，

很像钉耙。在挖洞时，蝼蛄先用前足把土掘松，然后中足和后足一起用力，它尖尖的头会使劲往土里钻。它的前胸坚硬宽大，能够把挖松的土挤压向四周。蝼蛄就是这样不停地挖、钻、压，一条条隧道就形成了，真是"功夫不负有心人"。

蝼蛄挖掘的隧道，深的有150厘米，浅的也有6、7厘米，蝼蛄一夜之间可以挖掘出200～300厘米长。隧道往往会从地面的一端到达另一端，洞中套洞，洞洞相连，像是一条纵横交错的地下交通网，这些看似平凡的蝼蛄在通道里还筑有产卵房、育婴室、储粮仓。有了这样温暖湿润的家，蝼蛄就可以舒舒服服地过上一个快乐的冬天了。

蝼蛄的鸣叫很特别。它经常会在地下发出沉闷的"咕咕"之声，虽然说它是在学蟋蟀和螽斯那样"摩翅而歌"，但是这种声音却难登大雅之堂。人们听到这不雅之声，往往会误以为是蚯蚓发出的声音，其实，蚯蚓是没有发声功能的。蝼蛄之所以鸣叫，是雄虫在向雌虫求爱，这是雄虫引诱雌虫前来相会的信号。

蝼蛄对农业危害极大。它掘土打洞，除了会造成水田流失外，最大的危害还是破坏植物生长。由于蝼蛄的食性很杂，庄稼地里的植物如大豆、麦类、玉米、高粱、棉花、烟草、粟子、蔬菜等，都会成为它的食物。所以，蝼蛄是农业的大害虫，属地下害虫之列。

蝼蛄通常一年发生一代，雌虫一次可以产85粒卵，年产卵200粒左右。产卵后，雌虫就担负起护卵和哺育若虫的任务，直到它的子女们能够独立生活。蝼蛄终年在地下生活，只有到了傍晚和凌晨才会爬到地面上活动。当太阳升起后，蝼蛄又会钻进地下。

尽忠职守——蜣螂

中文名：蜣螂

英文名：Dung Beetle

别称：圣甲虫、推粪虫、推屎爬、屎蛒螂、粪球虫、铁甲将军、牛屎虫、推车虫、屎壳郎

分布区域：南极洲以外的任何一块大陆

　　蜣螂，就是人们俗称的"屎壳郎"。属鞘翅目，金龟子科，蜣螂在全世界共有14500多种。蜣螂体形魁梧，身体短圆发黑，头部前端很宽，成坚硬的角额片，上面生有凸起的挖掘工具，像钉耙。蜣螂有强大的前足，像球拍。蜣螂还长着有钩刺的中足和后足，这非常方便勾拉粪球。

　　蜣螂是有名的"清道夫"。蜣螂的一生都在与粪打交道。雌蜣螂会利用自身的优势挖一个直径5厘米、深达10～20厘米的地道，它的"贮藏室"就在地道的顶端，非常宽敞。地表的粪会被蜣螂加工成一个个粪球，搬到贮藏室。等粪球堆满后，蜣螂就开始产卵。它先把大粪球搓成6～7个小蛋，然后再在每个小粪蛋上产2～3粒卵，等产够20粒卵后，雌蜣螂就停止产卵了。对于蜣螂的这种习性，人们刚开始很不理解，雌蜣螂卵巢内的卵那么多，为什么不多产几粒呢？后来，人们才明白，蜣螂的"贮藏室"虽宽敞，但搬运粪蛋却很困难，刚出生的小蜣螂又非常贪吃，雌蜣螂为保证每个后代都能茁壮成长，只好实行"计划生育"。

　　在澳大利亚，人们为了改善受到污染的环境，把小小的蜣螂也派上了用场。

　　原来，澳大利亚的奶牛很多，共有4500万头。这些奶牛每天都要产生很多牛粪，对环境造成了极大污染。为了解决牛粪危机，当地的农业科学家们就引进了蜣螂。蜣螂可以吃掉牛粪，还能把牛粪搓成球，埋到地下，这样，就为牧草提供了充足的肥料，被牛粪遮压得秃斑点点的草原渐渐恢复了生机。

　　蜣螂推粪球，是人们经常看到的一种现象。当蜣螂发现垃圾污物，尤其是人畜的粪便时，会先用前足清扫出一小块地方，把食物放在自己的腹下，再用中、后足用力搓动，使食物不断旋转、滚动，最后，圆圆的粪球就搓成了。粪球一般像核桃那么大。蜣螂滚粪球的姿态非常滑稽。当粪球做成后，蜣螂就会用后足勾住粪球，高高翘起"臀部"，头部朝下，用前足撑住地面，把粪球慢慢地向后推到土穴中，再用废物堵住出口。

　　蜣螂的一生要经过卵、幼虫、蛹、成虫4个阶段。卵孵化出幼虫后，幼虫吃现存的粪球，一直到在土中变成蛹，蛹变成成虫后钻出地面。

　　蜣螂的另外一个神奇本领，也很少被人知道。那就是，它们可以准确地预报天气。蜣螂成虫一般在傍晚觅食，如果是阴雨转晴的傍晚，它就会在空中飞舞。所以，如果阴雨天的傍晚有蜣螂飞出，第二天多半是晴天。

母爱如山——蠼螋

中文名：蠼螋

英文名：earwigs

别称：耳夹子虫、剪刀虫、夹板子、夹板虫

分布区域：热带、亚热带；中国北京、湖北、河北、山东、山西、河南、陕西、江苏、安徽

蠼螋身体狭长，略扁平。它的表皮坚韧，呈黄褐色至黑色，体表大多光滑，有光泽。它的头为前口式，扁阔，活动自如，有明显的Y形蜕裂线。复眼圆形，无单眼，口器为咀嚼式，触角丝状。

蠼螋的前胸大，背板发达，呈方形或长方形。多数种类具翅2对，前翅短小，为革质，无翅脉，末端平截，两前翅在背中央相遇，呈直线形，不相重叠。后翅膜质，呈宽大扇形或半圆形，脉纹辐射状，静止时，可纵横折叠于前翅下，稍微外露。尾须坚硬，为铗状。

蠼螋最奇特的是腹部后面有1对像大闸蟹那样的"钳子"，所以给人几分毛骨悚然的印象。其实，蠼螋的"钳子"是一对角质化的、非常坚硬的夹子，是由它腹部最后一节演变成的，既可以用来觅食，又可以当武器对付外来侵犯者。由于有些种类的蠼螋夹子的外形很像古代妇女头上带的耳环，因此人们又称它们为耳夹子虫。

蠼螋为杂食性，以动植物尸体等腐败物质为食，也有的种类取食花被、嫩叶、果实等植物组织，还有肉食者，取食昆虫等。有些种类营寄生生活，寄生在蝙蝠或鼠类体外。有的蠼螋还经常喜欢在夜间偷吃人们饲养的蚕宝宝，有时还会闯进蜂箱，偷取幼蜂，因此属于害虫。

　　蠼螋的生活方式分为几种类型，有在地面、地下生活，在盛夏产卵的；有栖于植物，从冬天到早春时产卵的等等。

　　在早春产卵的一类蠼螋，从冬天交配到产卵期前为止的几个月，雌雄都是在巢里一起生活的。但是，等"育儿室"挖好后，雌蠼螋便"无情"地把雄蠼螋赶出洞外，并用泥土封闭洞口，自己单独待在里面产卵和育儿，过起了隐居的生活。

　　雌蠼螋就在这个巢里像撒播种子似的产下50～100枚卵。在雌蠼螋的悉心照顾下，约经20天左右，卵粒就相继孵化，白嫩的幼虫围绕在雌蠼螋的周围。从卵里孵出的幼虫完成第一次蜕皮后，雌蠼螋便开始在夜幕降临时挖开洞口外出为幼虫觅食。为防不速之客闯进洞内伤害幼虫，雌蠼螋仍将洞口封上。雌蠼螋用腹部末端的夹子将小动物的尸体拖回到洞里，用牙齿啃碎，衔在嘴里喂养幼虫。

　　过了几天，当它们结束了第二次蜕皮后，幼虫们开始零零落落地从巢里走出。幼虫的长相很像成虫，这种类型的幼虫称为若虫，一共分为5龄。当若虫蜕过一次皮，发育到2龄若虫期时，雌蠼螋才会在晚间打开洞口带领它们锻

炼谋生的本领。如有个别顽皮的若虫离开洞口较远些，雌蠼螋便会用触角催赶着它们回家，不听话的若虫还会被雌蠼螋咬上一口，然后"又打又骂"地赶回家。待到若虫长到3龄时，雌蠼螋认为儿女们已经有了寻食和抵御外敌的能力了，才准许它们出洞，各自谋生。

从产卵到卵孵化的这段时间里，雌蠼螋就像母鸡孵小鸡那样一刻不离地守候着它的卵。它将七零八落的卵衔到一起，集中堆放到一个地方，不食不动地卧伏在卵堆上，保护着卵。为了使卵发育的时间一致，它时而用嘴舔舔卵粒，时而用足将卵上下翻动一遍，这种动作大约相隔十几小时就要做一次。有趣的是，有时它又会跟玩积木游戏似的把堆积起来的卵弄散，在巢中的其他地方再堆起来。原来，蠼螋的卵不耐湿气也不耐干燥。因此，雌蠼螋就得常常小心注意巢里的温度和湿度。也就是说，当温度、湿度变高时将卵分散放置，相反的，当温度和湿度降低时，就把卵堆积起来。即使在巢里，各个地方的这些条件也是不一样的，所以要相应地改变它们的放置场所。

对于胆敢钻进巢里来的敌人，雌蠼螋马上就会挥舞着自己的"武器"将其击退。在力不从心时，它有时会急急忙忙衔着卵，转移到别的地方。

蠼螋的变态类型为渐变态，一生经过卵、若虫、成虫3个阶段，幼期形态和生活习性与成虫相似。雌虫产卵于土壤中，少数产于树皮下。卵呈阔卵形，白色，若虫与成虫相似，但触角节数较少，只有翅芽，尾铗较简单。若虫四五龄。蜕皮4~6次，翅芽于2龄时出现。雌虫有护卵育幼的习性，低龄若虫与母体共同生活。也有卵胎生的。

蠼螋多为夜行性，白天伏于土壤中、石块下、树皮下、朽木下，以及垃圾、粪便、叶片间及草丛间等黑暗潮湿处。有翅成虫虽有翅，但多数飞翔能力较弱，极少飞翔。少数种类有趋光性。少数种类危害花卉、贮粮、贮藏果品等。

梦幻之色——拉步甲

中文名：拉步甲

英文名：Carabus lafossei

分布区域：中国江苏、浙江、江西、福建

拉步甲的体型长扁而坚实，体长在34～39毫米之间，体宽在11～16毫米之间。它体色美丽，变异较大。通常，头部和前胸背板绿色，闪金黄或金红色光泽。鞘翅绿色，侧缘及缘折金绿色，瘤突黑色，前胸背板有时全部深绿色，鞘翅有时蓝绿色或蓝紫色。它的触角细长而分节，1～4节光洁，以后各节被毛。鞘翅呈椭圆形，背隆肩圆，后部明显收狭，末端形成尾突。足细长，雄虫前足附节基部3节膨大。腹部光洁。

拉布甲一般一年发生2代，成虫在土室中越冬。到了夜晚，成虫就开始捕食，白天则潜藏于枯枝落叶、松土或杂草丛中。成虫的卵产在2～3厘米深的土壤中，每次产卵6～10粒。卵经过9天就孵化为幼虫，幼虫长时间潜藏在浅土层中，到了夜晚捕食蜗牛、蛞蝓等软体动物。在3～4厘米深的土中做成的圆形土室内，老熟幼虫开始化蛹，化蛹8天后就羽化为成虫。拉步甲属完全变态类昆虫，它的一生要经历卵、幼虫、蛹、成虫四个阶段。拉步甲的生活史很长，在北方一般一年1代或一年2代，在土层中以成虫或幼虫过冬。拉步甲的卵多产在土中，幼虫一般2龄，在土室中以老熟幼虫化蛹。

在昆虫世界，拉步甲是比螳螂更为可怕的掠食者，它们行动迅捷、生性凶猛，通常以蝶、蛾、蝇类的幼虫以及蚯蚓、蛞蝓等软体动物为食。被拉步

甲啃咬会非常疼痛，受惊的拉步甲还会喷射带有强烈刺激性气味及腐蚀性的雾状液体，要是沾到眼睛，会造成剧烈疼痛，要痛好几个小时，而红肿可能要几星期才会褪掉。拉步甲的食量是十分惊人的，25只拉步甲在一刻钟内就可以吃光150条毛虫，6只拉步甲就能在10几分钟内将一条小指粗、10厘米长的蚯蚓吃掉。

委婉动听——蟋蟀

中文名：蟋蟀
英文名：Gryllulus
别称：促织、趋织、吟蛩、蛐蛐儿
分布区域：世界各地

　　夏天，在草丛里，我们经常可以看到一种美丽的小昆虫，那就是蟋蟀。它们像蝉一样，被人们熟知。而且，它们比蝉还要出名。如果单单因为蟋蟀会唱歌，还不足以表现它们的才能，更为人们称道的是这种小昆虫把自己的巢穴建筑得非常棒，不由得你不佩服它们。

　　在自然界里，大部分的昆虫都是选择一个临时的避难所来保证自己不被风吹雨打，它们在外出途中如果看到中意的地方，就在那里暂时居住下来，也不对居所进行修饰，只要能住就可以了。当它们隐蔽在洞穴里时，若是碰巧再抓到一两个猎物，它们就会感叹生活真是太美好了！

　　可蟋蟀不是这样，它们非常与众不同，当它们长大以后，就会建立自己稳固的小家，而且会为这个小家付出很多心血。因为有了固定的住所，蟋蟀待在里面，可以躲避凛冽的寒风，里面温暖而舒适，它们的日子会过得很惬意，这也充分说明蟋蟀是一种聪明而有远见的小昆虫。

　　在选择建巢穴的地点时，蟋蟀从不把那些天然的隐蔽所当做首选，更不会因为偷懒而选择那些现成的粗糙的洞穴，而是谨慎地选择那些适于排水、阳光充足而温暖的地方，然后耐心地挖掘，从大厅到卧室，每个地方都亲力亲为，毫不吝惜自己的力气。

在蟋蟀的住宅前，常会有茂盛的草遮住洞口，这是小家伙特意挑选的，这样，洞口就会很隐蔽，不容易被发现。从这个洞口进去，里面大约有30厘米深，宽度像人的手指。隧道根据地势的情况而定，或者弯曲，或者垂直。住宅里有起居室，当然也有卧室。只要蟋蟀有工夫，就会对墙壁进行修整。隧道的最下面就是卧室，这里比较宽敞，当然修饰得会更细致一些。总的来说，这是一个很简单的住宅，十分干净，也很干燥，住在里面，的确挺不错的!天气晴朗的日子里，蟋蟀走出住宅，晒着太阳，吃点儿青草，再唱唱歌，小日子过得很幸福。像兔子一样，蟋蟀从不吃窝边的草，因为那些草是用来掩护出口的，你说它是不是很精明?

虽然有了稳定的住宅，可蟋蟀在里面住得很谨慎，时刻注意着外面的风吹草动。当你走过去时，不管你的脚步多么轻，声音多么小，这个小东西都能感觉到你的到来，它马上警惕的做出反应，随时准备逃往更安全的地方。当你走到洞前想抓这个小东西时，它早就逃之夭夭了。

蟋蟀通常把卵产在离地面不到3厘米的土里，它把这些卵一群群地排列起来，大约有五六百个。这些卵孵化以后，就像一个灰白色的长瓶子，瓶顶上

有一个很整齐的圆孔。卵产下两星期后，在卵的前端出现两个大而圆的黑点，在长瓶的顶上，有一条环绕着的薄薄的突起线，壳将来就从这条线上裂开。因为卵是透明的，我们可以看到小家伙身上的节。在突起的线的周围，壳的牢固性会逐渐减弱，卵的一头慢慢分开，这是被里面的小家伙的头部顶开的。壳升了起来，落到了一边，像小香水瓶的盖子一样，蟋蟀从"瓶子"里跳出来。

刚从壳里出来的小家伙还不能叫做蟋蟀，更准确的说法应该是一种包在襁褓里的大蝌蚪，穿着紧身衣。脱掉襁褓后，蟋蟀的全身几乎呈灰白色，它开始与土搏斗。它用大颚把土叼起来，清扫到两边或是踢到身后去。很快，它就来到了地面，被温暖的阳光照耀着。这时，它的身体还很柔弱，而且还不如一只跳蚤大。一天一夜以后，小蟋蟀变成了黑色，模样与成年的蟋蟀基本一样，只是在胸部还保留着一块灰白色。它不时地用长而经常颤抖的触须试探着周围的一切，还兴奋地到处蹦来蹦去。

当天气开始寒冷的时候，蟋蟀就动手修建自己的住宅。它们找到一个有草或叶子遮掩的地方，用前足挖地，用大颚咬掉比较大的石块，粗壮的后腿踩在地上，上面长着两排锯齿状的东西。蟋蟀一边清除灰尘一边把它们弄到后边去，倾斜着铺开。刚开始，蟋蟀很有力气，干得很快。过了一会儿，它就跑到门口休息一下。歇够了，蟋蟀又掉头回去，接着干活儿。住宅的主体建好了，洞口宽6厘米多，应付紧急情况是没有问题了，至于细致的装修活儿，可以慢慢做，蟋蟀并不着急。有空闲的时候，今天做点儿，明天做点儿，洞的加大和加深随着天气的变化和身体的长大而进行。即使在寒冷的冬季，如果天气晴好，还可以看到小家伙往洞外扔土。这种修整工作会伴随着蟋蟀的一生，直到它死了，工作才真正地结束。

到四月末，蟋蟀就用它优美的歌声来告诉我们它们的到来。刚开始可能是独唱，后来，就变成激昂的大合唱了。其实，蟋蟀的乐器很简单，只是一张弓，上面有一只钩子和一层振动膜。它的右翼鞘盖着左翼鞘，差不多全盖住了，除了后面和转折包在体侧的一部分。两个翼鞘的构造是完全一样的，它们平铺在蟋蟀的背上，旁边突然斜下成直角，紧裹着身体，上面长着细脉。你把其中一个翼鞘揭开，会看到翼鞘是淡红色的，除了两个相连的地方，前面是一个大三角形，后面是一个小的椭圆形，上面有模糊的皱纹，这两处地方就是蟋蟀的发声器。

在前头那一部分的尾部边沿上，有两个弯曲而平行的脉，在脉线的当中有一个空隙。空隙中有五六条黑的皱纹，看起来好像梯子的梯级。它们是供摩擦用的，可以增加弓的接触点的数目，增强振动感。在下面，围绕空隙的两条脉中的一条成为肋状，且成钩的样子，这就是弓。

这件乐器很精美，上面有150个齿，嵌在对面翼鞘的梯级里，使4个发声器同时振动，下面的两个直接摩擦发出声音，上面的两个是由于摩擦器械的震动而发声。蟋蟀就是利用这4个发声器把音乐传到千里之外，音调听起来还很急促呢！

繁星满天的夏夜，躺在柔软的草地上，听着蟋蟀优美、动听的歌声，这种感觉真好！

实力唱将——油葫芦

中文名：油葫芦

别称：结缕黄、油壶鲁

分布区域：中国安徽、江苏、浙江、江西、福建、河北、山东、陕西、广东、广西、贵州、云南、西藏、海南

在自然界的众多鸣虫中，油葫芦的叫声算不上是天籁，但却也悠长而悦耳，得到了很多人的喜欢。过去人们常以油葫芦叫声的长短来判断它们的优劣，叫得时间越长，价值也就越高，比较有名的有"十三悠""十五悠"乃至"十九悠"。

油葫芦又名结缕黄，是蟋蟀中最大的一种。体长20～30毫米，宽6～8毫米；体色有黑褐色、黄褐色等；触角褐色，长20～30毫米。油葫芦头部黑色，呈圆球形，颜面黄褐色，从背后看，两条触角呈"八"字形，触角窝四周黑色。前胸背板黑褐色，有左右对称的淡色斑纹，侧板下半部淡色。前翅背面褐色，有光泽，侧面黄色。尾须颜色较浅，长度超过后足股节。

至于油葫芦这个名字的由来，原因离不开一个"油"字。一是它全身油光锃亮，就像刚从油瓶中捞出来一样；二是它的鸣声好像油从葫芦里倾注出来的声音；三是它的成虫爱吃各种油脂植物，如花生、大豆、芝麻等。

油葫芦是中国三大鸣虫之一，畜养历史最长，畜养的人也最多。经考证，在古代最早提到鸣虫畜养的《开元天宝遗事》中，就首先提到了油葫芦。说天宝宫女"皆以小金笼捉蟋蟀闭于笼中，置之枕函畔，夜听其声"，其实这里所说的蟋蟀就是油葫芦。所以，将油葫芦作为鸣虫畜养玩赏，已经有1300多

年的历史，是货真价实的"老资格的鸣虫"。

油葫芦的品种比较多，鸣虫爱好者总结了一个顺口溜："飞翅贵，玻璃脆，琵琶响，长翼亮"，说的就是几种鸣声不同的油葫芦。翅膀长的称"琵琶翅"，鸣声洪亮；翅膀薄而透明的称"玻璃翅"或"薄翅"，鸣声低而发飘；翅膀长而端部不宽的称为"长翼"，一般是中音。

中国人玩鸣虫不仅历史悠久，还玩出了文化，玩出了境界。虽然如今玩虫不如古代那么盛行，但在外国人眼里，中国的鸣虫文化和京剧一样都是最具中国特色的国粹。如果你也对油葫芦感兴趣，那就要注意从"体、色、翅、声"4个方面来挑选了。

体形方面，个体大，头大，咬钳宽广的油葫芦健壮，寿命长，鸣声洪亮；颜色方面，不管是什么颜色的，只要鲜亮就好；油葫芦的鸣声跟翅膀长短也有关系，一般是翅膀越长，鸣声也就越响亮。声音是最重要的一方面，声音要选洪亮婉转，颤音拖长如"蠷一呦、呦、呦"的，这个"呦"音可重复五六次，长的话可以达到九次，这种虫美其名曰"九转油蛉"。

关于油葫芦，其实还有很多内容，它的历史恐怕也不是一两篇文章就能说清楚的。不过，我们一定会记住这个声如串串银铃，又如山泉叮咚，喜欢在夜间长鸣不已，催人入梦的油葫芦了吧！

黑色吉他——金钟儿

中文名：日本钟蟋
别称：马蛉、蛉虫
分布区域：中国东北、内蒙古、河南、陕西、四川、湖北、江西、福建、安徽、浙江、江苏、广东、广西、云南、贵州、海南；日本本州岛

　　夏天还没有彻底走远，田间昆虫的鸣叫声就宣告了秋天的到来。在这场盛大的音乐会上，有一种鸣叫声仿佛从金玉中发出，带着明显的金属质感，如钟磬轻敲，又如琵琶弹奏。这种牵动人心的天籁之音来自著名的金色鸣虫——金钟儿。

　　金钟儿又名马铃、金琵琶、铃虫。它体长约1.7 ~ 2厘米，体色呈黑褐色并且油光可鉴，形似一粒较大的黑西瓜子，小头宽翅、白须黄尾，丝状触角长而黑白相间。雄金钟儿翅膀较宽阔，雌金钟儿腹部硕大。金钟儿的鸣声奇特，犹如铃声"铛~铛~铛……"在国外，金钟儿被称为"黑色吉他手"。

　　每到傍晚时分，金钟儿就开始鸣叫，鸣声清脆悦耳。鸣叫时六肢挺立，双翅翘起，像一朵盛开的黑色小花，非常美丽高雅。因为它的叫声听起来像系在马脖子上的铃铛声，南方又称它为马铃。

　　金钟儿白天大多栖息于草丛中的草根部，如果受到惊扰，它会迅速跳进草丛，潜伏不动；要是继续受到骚扰，它就会蹦跳着逃走。但是过不了一会儿，它就又爬出来活动了。金钟儿的一副好嗓子也不完全是天生的，叫声是否优美与其栖息场所有很大的关系。生活在阳光充足，草丛茂盛，地势高的金钟儿，鸣声大多清脆嘹亮，且经久不哑。生活在林荫下、草丛中或低洼潮

湿之处的金钟儿，不但体质差，而且鸣声低沉不清脆。

金钟儿在众多鸣虫中是比较特殊的一类，和其他鸣虫喜欢在夜晚爬上枝头高声鸣唱不同，它们喜欢低伏在地表上欢唱。和大多数会鸣叫的昆虫一样，雌性金钟儿没有雄性漂亮，也不会鸣叫。不过，雌金钟儿却是个很优秀的歌迷，能从歌声中区分出哪些是同类的鸣叫，通过辨别歌手的优劣和距离的远近来寻找配偶。

金钟儿自古以来就受到人们的青睐，当时就记载有"有虫黑色，锐前而丰后"的描述，那么对钟情于鸣虫的人来说，什么样的金钟儿才算是优秀的呢？一般来说，体形大，须尾全，体色乌黑，翅上纹络清晰的金钟儿年轻体壮，鸣声佳，寿命也长。人们一般把它们养在玻璃瓶中，放上一大块瓜果为它们供水。开始时，喂它苹果、梨等瓜果和稀饭，过段时间再加点蛋黄。同时，注意保持环境的潮湿和食物的多样性，而且深秋以后要采取保温措施。最重要的是，千万不能让两只雄虫同处一室，因为金钟儿和蟋蟀一样好斗。

总之，金钟儿是一种非常受人们喜爱的鸣虫，它们在漫漫长夜振翅高唱，声音清越，风雅独特，别有一番"虫鸣夜愈静"的意境。

夏日歌者——蝉

中文名：蝉

英文名：cicadas

别称：知了

分布区域：热带

蝉，是人们熟悉的一种昆虫。古称蜩、蚱蝉等，俗名知了、爬树猴。蝉是一种半翅目昆虫，属于完全变态昆虫，蝉的一生可分为卵、若虫和成虫3个阶段。蝉花费3年的时间，才能完成整个生长周期。

蝉的若虫又名蝉猴、知了猴或蝉龟。我国很早就开始关注蝉，古人按蝉的出现时间把它分为春蝉、夏蝉和寒蝉。

其中，春蝉出土最早，古书称为"吟母"。有一种夏蝉，叫蟪蛄，寿命很短，不过数天，因此古人曾说"蟪蛄不知春秋"。最迟出现的是寒蝉，过了寒露它才会发出"鸣"声，因寒蝉的声音哀婉凄惨，没有夏蝉鸣声嘹亮，因此有人误以为它是哑蝉、雌蝉，成语"噤若寒蝉"就是由此而来。

不论是在中国还是在遥远的西方，蝉都被赋予了浓厚的文学色彩，由于古人认为蝉以"含气饮露"为生，所以，蝉历来就受到不少文人墨客的青睐。

我国古代的第一部诗歌总集《诗经》中，就曾留下了蝉的芳名。在古希腊人心中，蝉鸣并非扰人的噪声，它是一种美妙之音。他们把蝉尊为"歌唱女王"，并且喜欢把鸣蝉作为装饰或做成竖琴的标志。

在古希腊，曾流传着这样一段佳话：雅典举行了一场轰动全城的竖琴比

赛，其中，古希腊著名的音乐家爱诺莫斯凭着得心应手、出神入化的高超技艺博得了阵阵掌声。但当他演奏到蝉鸣部分时，琴弦突然断了，眼看自己就要功亏一篑，在这极为关键的时刻，窗外一只鸣蝉竟把琴声准确地衔接了下去，结果，爱诺莫斯击败了对手，取得了比赛的胜利。人们都认为，这是音乐神阿波罗为音乐大师助了一臂之力。

那么，蝉发声的原因是什么呢？它又是怎么发声的呢？又是什么力量使得蝉在整个夏天一直大叫个不停呢？

法国著名昆虫学家法布尔对这些问题很感兴趣，在对蝉进行了多年的观察研究之后，他做出了极其生动而细致的描述。关于蝉的鸣叫，他是这样描写的：“蝉翼后的空腔里，有一种像钹一般的乐器。在蝉的胸部安置有一种响板，能够增强声音的强度。蝉为了满足对音乐的嗜好，作了很大的牺牲。因为这种响板非常巨大，使得生命器官都无处安置，这些生命器官只好被挤压到最小的角落里。为安置乐器而缩小内部生命器官，这当然说明蝉对音乐的热爱。”

　　虽然蝉喜欢音乐，但是雄蝉没长听觉器官。它就像一个聋子一样，根本听不见自己的叫声。其实，蝉鸣叫的目的是吸引远处的雌蝉前来交配，以便繁衍后代。然而雌蝉的发声器官早已退化，它只能听到雄蝉的呼唤，但却默不作声。这就意味着，蝉"情侣"之间是没有"相和"的，雄蝉和雌蝉进行的是单向性声音通信。

　　雄蝉鸣叫时会不断地校正自己的叫声，以便更快地引来雌蝉。科学家认为，当雄蝉拼命高鸣时，它能把周围1000多米内的雌蝉都召唤过来。当雌蝉飞近时，雄蝉就会不断发出特有的低音"求爱声"，以吸引雌蝉靠近。此时，雌蝉也会发出低低的应答声。雄蝉和雌蝉之间的这种默契，使它们可以达到交配的目的。只是，人耳听不到雌蝉的这种极低的声音。不过，雄蝉和雌蝉是否真的在低声"交谈"，谁也无法说明白。

　　雄蝉和雌蝉交配后，雌蝉就栖息在树的嫩枝上，用针状产卵器刺破树皮，把卵产在嫩树枝内。树枝被刺伤后就会因缺水而枯萎死亡。树枝枯萎后，经过风吹雨打，就会跌落在树下，枯树枝就会逐渐被掩埋于土中，蝉卵孵化成若虫后就吸附在树根上，以吸食树汁为生。经过2～3年，若虫生长发育成熟。每年夏至后，如果下了透雨，若虫会很快钻出地面。经过2～4小时，若虫就会蜕皮变为成虫蝉，成虫蝉仍然以吸食树木汁液为食。在炎热的夏季，蝉就会在树上发出嘈杂的叫声。

建筑大师——白蚁

中文名：白蚁

英文名：white ant

别称：虫尉、大水蚁

分布区域：除南极洲外的六大洲

提到白蚁，人们似乎总是能联想到蚂蚁，因为这二者的样子和习性实在是很接近，但事实上二者却并非近亲。白蚁是从2.5亿年前一种类似蟑螂的生物进化而来的，而蚂蚁则由蜜蜂和黄蜂等距现在较近的生物演化而来。

同蜜蜂一样，白蚁也是一种群居、社会性的昆虫。白蚁王国同样有身份等级、贵贱尊卑之分。蚁后是白蚁王国中体积最大者与地位最尊贵者。蚁后担负着延续后代的任务，一生可产卵100万枚。蚁王是白蚁王国中的二号统治者，地位与个头仅次于蚁后。兵蚁是白蚁中的"宪兵"，它们的责任是保护蚁穴。兵蚁长有锋利的刀形颚，也有喷壶似的吻，可喷射黏液，捕捉敌人。工蚁负责维护蚁巢和觅食，数量也是白蚁中最多的。白蚁社会除了有正选蚁王、蚁后外，还有备选的蚁王和蚁后。它们会在蚁王、蚁后衰老或死亡时，来继承"王位"。

对于白蚁来说，木头就是"糕点"，白蚁的主要食物是富含纤维素的各类木材。这种食物选择对一般动物来说简直是天方夜谭，然而对白蚁来说，咀嚼那些味同嚼蜡的木头却是正常的生活习性。白蚁之所以喜食木头，是因为在白蚁的肠道里共生着一种寄生虫——超鞭毛虫。它们分泌的酶可以将木材

分解成各种糖类，为白蚁提供能量。但是，这种超鞭毛虫只能寄生在工蚁和兵蚁的肠道中，蚁王、蚁后和幼蚁体内没有这种寄生虫，因此它们只能依靠工蚁用自己肠内的一部分来消化的食物来喂养。

对人类来说，最值得我们赞赏的是白蚁的建筑本领。它们的建筑"理念"已经被人类用于建造摩天大楼上。

白蚁的巢穴通风效果非常好，温度控制有序，许多工程师正是从白蚁身上获得了灵感，建造了很多不用人工调节而使用天然风调节室内温度的摩天大楼。

白蚁巢穴通常由生活区和奇特的泥塔两部分构成。白蚁巢穴横截面呈楔形，尖头总是朝北。泥塔高3米左右，侧壁面积很大，在早晨和傍晚太阳光斜射的时候，泥塔表面能够最大程度地吸收太阳的热量。泥塔的塔顶是尖锥形，会降低正午太阳热量的威力。泥塔中有许多空气通道，通道里的温度会随着阳光的强度而逐渐升高，空气体积因此膨胀，并且通过通道被抽到塔顶，于是新鲜空气就通进地下。白蚁中的一些工蚁更富有创造精神，它们可以根据巢穴各处温度的不同，通过扩大、减小或堵断通道，来达到调节巢穴内温度的目的。采取这些措施之后，尽管巢穴外的温度忽高忽低，但是白蚁巢穴中的温度一年四季都能保持恒定。

在非洲和大洋洲，白蚁会建起高高的蚁塔，其高度甚至超过了人体的居所。这些蚁塔很像城堡，形状各种各样，有圆锥形、圆柱形、金字塔形等，最高的蚁塔能达7米，占地100多平方米。蚁塔中的隧道弯弯曲曲，长达数百米。

科学家从白蚁巢穴的建造和温度调节的方法中受到了启发，并将其应用在高层建筑的自动控温结构上。这种大楼的角上一般都建有圆柱形玻璃塔，通过它形成自然通风。由于玻璃塔中的空气流动与各个房间是相通的，所以房间中的新鲜空气可以随时得到更新，而房间的热量也随着塔中的上升气流被送出室外。大楼中还安装有同温计算机控制系统，就像工蚁的工作一样，通过感知大楼里的温度高低不同随时进行温度调节。

土中隐士——跳虫

中文名：跳虫

英文名：springtail

别称：烟灰虫、弹尾虫

分布区域：温带

　　跳虫又名弹尾虫，个头很小，呈长形或近圆球形。跳虫有光滑的体表，有的被有鳞片或毛；跳虫有暗蓝黑色、白色、黄绿色和红色等多种颜色，有些种类的跳虫体色还能散发出金属光泽。

　　大多数种类的跳虫分布在温带，终生无翅，仔虫像成虫。跳虫虽然个头很小，但是善于跳跃。跳虫在跳跃时，腹部下的弹器就会抵住栖息的地面，然后腾空跃起。跳虫能跳很远，距离可达身长的15倍，其腹部第四或第五节的这对弹器可以不用。在腹部第一节的下方还有一根腹管。跳虫体躯柔软，腹部节数在六节以下，眼不发达，足的胫节、跗节愈合成胫跗节，它的尖端有爪，除非遇到敌物接近或是受到侵扰，否则，它的爪子是不会发威的。跳虫的爪尖往往只用来协助移动，跳虫对栽培作物的根、茎、叶或幼苗危害极大。

　　跳虫的成虫像跳蚤，肉眼难以辨清，个头在1.0～1.5毫米。跳虫长有短状触须，常在培养料或子实体上快速爬行，其尾部有弹器，善跳跃，高度可达20～30厘米，如果遇到刺激就会迅速跳离或假死不动。它的体表有蜡质层，不怕水。

　　跳虫的口器缩入头内，为咀嚼式，适于咀嚼或吸食。跳虫没有复眼，只有小眼群，由8个或8个以下的单眼组成，有些种类的跳虫也没有单眼。跳虫

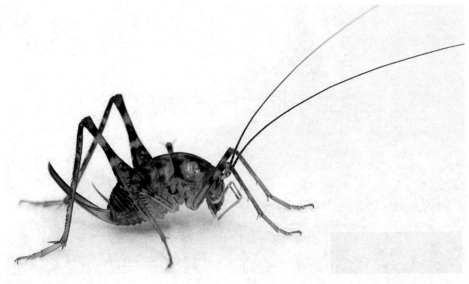

有丝状触角，通常为4节，少数达6节。触角后方和眼前方长有特殊的感觉器，能起到很好的嗅觉作用。

跳虫的栖息场所极为广泛，尤其是潮湿隐蔽的场所，如土壤、腐殖质、原木、粪便、洞穴等。它们通常以腐烂植物质、菌类、地衣为主要食物，有些种类取食发芽的种子和其他植物性食物。有些种类栖息于水面，取食水藻，也有一些种类栖息于海滨，取食腐肉。

跳虫的变态属于比较原始的变态类型，称为表变态。其若虫和成虫除个头大小有所区别外，在外表上并没有显著的差别，它们有相同的腹部体节，但成虫期还会继续蜕皮。跳虫可蜕皮50次左右。

跳虫一年可发生数代，并会有孤雌生殖现象。在繁殖期，雄性跳虫的身体末端就会分泌出火柴棒般水滴状的"精包"，不管附近有没有雌跳虫，雄性跳虫都会把精包放在地上，就像摆地摊一样。如果有雌跳虫遇到精包，它的生殖口就会把精包捡起来，收入体内，进行受精。由于精包不容易在空气中存放，因此，如果雄性跳虫放出精包后8小时内还没有雌跳虫前来问津，雄性跳虫就会自己把精包吃掉（当然，有时候精包也会被别的雌跳虫吃掉），然后再放出新精包。跳虫经常成群聚集，这样雌跳虫捡到精包的机率就会相当高。雄跳虫也会分泌性激素，引诱雌跳虫的到来，以提高精包的被捡率。

三跪九叩——叩头虫

中文名：叩头虫

英文名：click beetle

别称：磕头虫

分布区域：全世界

在3亿多年的生物进化史上，昆虫向大自然展示了它们顽强的生存本领，尤其是五花八门的防身自卫术，令人大开眼界。叩头虫就是这个变幻莫测的昆虫世界里独特而又有趣的一种。叩头虫在全世界已知的有8000多种，我国有200多种。它们一般体形不大，头小，比较狭长，体色呈灰、褐、棕等暗色，也有些大型种类体色艳丽，具有光泽。体表被细毛或鳞片状毛，组成不同的花斑或条纹。

叩头虫也叫磕头虫，如果你把它抓住放在木板上，用手按住它的腹部，它能用头和前胸打击木板，像叩头一样；如果是将它背朝木板用手按住，它也能用胸和头向前一跃而起，像做仰卧起坐一样。

其实，叩头虫这种独特的叩头行为是一种自救的形式，它不停地叩头是在寻找逃脱的机会，只要人们稍不留心，它就会弹跳逃走。叩头虫逃离危险的方式十分奇特，当受到威胁时，它们会仰面倒在地上，腿紧紧地贴在身体两侧，然后突然"咔"的一声，将身体弹入空中。

那么它们的身体中到底存在什么样的机关能让它们具有如此奇特的本领呢？原来叩头虫的前胸腹面有一个楔形的突起，正好插入到中胸腹面的一个槽里，这两个东西镶嵌起来，就形成了一个灵活的机关。当它发达的胸肌肉

收缩时，前胸就会准确而有力地向中胸收拢，正好撞击在地面上，使身体向空中弹跃起来，一个"后滚翻"再落下来。叩头虫在仰面朝天时，会把头向后仰，前胸和中胸折成一个角度，然后猛地一缩，"卟"的一声打在地面上，它就弹到空中来个"后滚翻"，再落在地面。

叩头虫的成长过程比较漫长，要2～6年才能完成一代。它们白天大多潜伏于表土内，夜间在土壤中交尾。约经40天后卵化为幼虫，幼虫形如金针，细长而结实，所以又被叫做金针虫。金针虫有锋利的大颚，生活在土中，啮食农作物的种子和根、茎，并危害松柏类、刺槐、青桐、悬铃木、丁香等树木。它们的幼虫期最长，要到第三年的七八月份，老熟虫才化蛹。蛹期历时15天左右，羽化为成虫后仍在原蛹室内越冬，至翌年四五月，雌雄虫再交尾繁殖。

叩头比赛和高弹翻身比赛是很受欢迎的游戏，不过，想参与这个游戏必须先拥有叩头虫。捕捉叩头虫并不困难，可以利用它的趋光性，在晚上点亮一盏灯，越亮越好，叩头虫就会飞来，在灯光下飞舞，这时就可以用装了竹柄的网兜捕。如果叩头虫飞到马路边的路灯下面爬行，那就更简单了，直接用手抓捕就行了。不过，用这种方法捉到的肯定都是雄虫，因为雌虫不会飞翔。如果想要捕捉雌虫用于繁殖，就要到田野里的草堆或尚未腐熟的粪堆内去寻找和捕捉了。

善挖陷阱——蚁蛉

中文名：蚁蛉
英文名：antlionfly
别称：倒退虫
分布区域：中国华北、东北、西北、蒙古

蚁蛉的身体细长，有两对薄纱一样的翅，像一只美丽的蜻蜓。它的体色一般为暗灰色或暗褐色，翅透明并密布着网状翅脉。头部较小，口器为咀嚼式，有1对发达的复眼并向两侧突出。它的触角比较短，长度差不多等于头部与胸部长度之和，尖端逐渐膨大并稍弯。翅长而狭窄，有褐色或黑色的斑纹，静止时，两对翅自胸部背面向体后折叠呈鱼脊状，覆盖体背直到腹部末端。

在繁殖季节，雌蚁蛉将卵产在干燥松软的沙土中。在阳光的照射下，蚁蛉的幼虫很快就孵化出来了。蚁蛉的幼虫叫做蚁狮，外型有点儿像蜘蛛，因为它们吃起蚂蚁来像狮子一样凶猛，因此得名。又因为蚁狮常常倒退着走，所以又被称为"倒行狗子""倒退虫"。

蚁狮善于营造捕猎的陷阱以捕食过往的猎物。到了合适的时候，蚁狮会在沙子里做一个结实的蛹。再经过一段时间，它会破蛹而出，摇身一变成为跳着优美舞蹈的蚁蛉。

蚁狮对于构筑陷阱的位置、沙的细度、陷阱斜面的角度等都很讲究。如果沙地上没有植物，那么蚂蚁之类的昆虫和小动物会很少，蚁狮就不会有太多的机会；如果植物很多，那么这样的土地可能不适于建造陷阱。沙土的含水

量高，沙与沙之间就有黏着力，不容易形成流沙，也不适合捕捉猎物。因此，蚁狮特别喜欢干燥的沙地，而且是越干越好，通常沙中的含水量要小于2％。陷阱四壁倾斜的角度也很重要，如果坡度太小，蚂蚁等猎物就不会溜下来。坡度愈大，猎物逃跑的可能性就愈小，因为逃跑时四壁的沙粒会更容易滚落下来。但是，如果斜面过陡，沙子自己就会塌下来，不能形成陷阱，所以陷阱四壁的坡度要做到恰到好处，一般为38℃～42℃。这个坡度的大小与许多因素有关，如沙粒的粗细度、沙粒的棱角、沙的含水量等。

蚁狮用尾部向下拱，使身体退入沙中，只留头上的两颗大牙露在外面，然后不停地用大牙将沙粒向四周弹出，使沙坑的口儿一点点扩大，最后形成一个漏斗形的陷阱。然后，它就一动不动地埋伏在陷阱的底部，等候着猎物的到来。当然，蚁狮不单是捕食蚂蚁，也捕食其他昆虫、小型节肢动物等，但以蚂蚁居多。由于陷阱的四周非常光滑，一旦蚂蚁爬过来的时候踩到松软的陷阱边缘，就会随着沙粒滑跌到陷阱底部，而且很难爬上来。因为当蚂蚁等猎物挣扎着向上爬时，蚁狮就会迅猛地摇动头部，弹射出雨点般的沙粒，这些抛向猎物的"沙弹"或击中猎物或使陷阱壁的沙子继续塌陷，让企图逃跑的猎物再次落入陷阱的底部。如此反复数次之后，猎物就会筋疲力尽，乖乖地当了蚁狮的"俘虏"。蚁狮将猎物捕获以后，就用颚管呈钳形刺进猎物体内，将毒液注入，把它的躯体溶解掉，然后美美地吸食一顿，最后把无用的躯壳抛出坑外。很快，蚁狮会把陷阱重新整修好，等待下一个猎物的到来。这是多么独特而巧妙的捕食方式呀！

地下大盗——地老虎

中文名：地老虎

别称：切根虫、夜盗虫

分布区域：全世界

　　它们是昆虫中的江洋大盗，很喜欢和人类抢东西吃。种植玉米、高粱、麦类、薯类、豆类、苜蓿、烟草、甜菜、油菜、瓜类等农作物的田地，都会被这些小偷弄得一片狼藉。植物界发出通缉令，一起声讨这些地老虎。

　　在地老虎"犯罪集团"里，小地老虎可是主犯，它们在世界上的分布最广，危害也最大。小地老虎刚生下来时，不过是乳白色的小半球卵，随后慢慢地长大，变成黑褐色。此外，它们的身上长满了黑色颗粒状的小突起，背面还有一条颜色很淡的纵带。

　　黄地老虎是这群强盗中的"二当家"，它们刚出生时也是乳白色的，但随后就会长出淡红色的斑纹，接着又变成黑色。孵化后，它们的身体就会呈现黄褐色，还长有同样颜色的前翅。在黄地老虎的肚子上，还长有四片大小相近的毛片。

　　除了黄地老虎外，小地老虎还有另外一个好搭档，那就是大地老虎。大地老虎刚出生时，是浅黄色的。孵化后，它们那黑褐色的前翅加上黄褐色的身体，还有留在皱纹上的不规则黑斑，看起来多少有些花哨。

　　白边地老虎非常容易辨认，它们的前翅前缘有一些白色或黄色的淡色宽边，但有的也会呈现深暗色，没有白色的宽边。它们的身体非常光滑，没

有任何微小的颗粒。它们最明显的标志，就是头部长有一个黄褐色的"八"字纹。

警纹地老虎的成虫长16～20毫米，翅展可以达到33～37毫米；其前翅灰白至灰褐色，环状纹与肾状纹配置看起来就像惊叹号。警纹地老虎的卵呈半球形，直径为0.75毫米，刚开始产出时是乳白色，卵孵化时表现为黑色，其表面长有隆起的纵横线。老熟幼虫长38～42毫米；黄褐色的头部有一对八字形黑褐色条纹。蛹体红褐色，长14～18毫米，腹末长有一对臀棘。在中国新疆、内蒙古、西藏一带，分布有警纹地老虎，他们常与黄地老虎混合发生。在新疆，警纹地老虎每年可发生2代。在全国各地，地老虎第一代发生危害最为严重，使春播作物受到了严重威胁。

地老虎越冬习性很复杂。黄地老虎和警纹地老虎都以老熟幼虫筑土室越冬。不同的是，白边地老虎以胚胎晚期滞育的卵越冬。大地老虎的3～6龄幼虫，在表土或草丛中越夏和越冬。小地老虎在越冬时，受温度因子的限制：1月0℃（北纬33°附近）等温线以北不能越冬；0℃等温线以南地区有少量小地老虎幼虫和蛹越冬；而在四川，小地老虎的成虫、幼虫和蛹都可越冬。小地老虎有一定的迁飞性，已引起人们的普遍重视。1979～1980年，我国有关科研机构采用标记回收方法，第一次取得了越冬代成虫迁飞的记录。记录显示它们由低海拔向高海拔迁飞直线距离为22～240千米，由南向北迁飞直线距离为490～1818千米。除此之外，还查明1月10℃等温线以南的华南为害区，华南以南是国内主要的虫源基地，江淮地区也有部分虫源，地老虎的成虫从虫源地区交错向北迁飞时危害极大。

田间管理——切叶蚁

中文名：切叶蚁

英文名：Leaf cutting ants

别称：蘑菇蚁

分布区域：亚马逊的热带丛林

在亚马逊的热带丛林中有这么一种奇怪的蚂蚁，它们总是不厌其烦地从树木和其他植物上切下叶子。有趣的是，它们并不直接吃这些树叶，而是将切成小片的叶子一点点地带回到蚁穴里存放起来。它们就是切叶蚁，又叫蘑菇蚁。

基于杰出的建筑才能，切叶蚁的巢穴可以深达8米，在这个庞大的迷宫里四处都是通气管道，即使在最底层，也能呼吸到新鲜空气。通常，切叶蚁巢穴的容纳量很大，能居住800万成员。尽管数量很多，但大伙儿办事的效率却很高。

为了保护它们种植的真菌，切叶蚁巧妙地利用了生长在它们皮肤上的链霉菌所产生的抗生素。这些抗生素能杀死入侵的细菌，从而保护真菌。一旦真菌种植地被它们遗弃，那里很快就会长出许多杂菌来。为了防止菌丝过度繁殖，小工蚁也会不时地将部分菌丝除去。

微生物产生的抗生素有助于切叶蚁对付"农场"中的杂菌，它们使用青霉素抗生素比人类还早。切叶蚁是终极食草动物，每年可以消耗掉当地叶子产量的12%～17%。它具有高效的废物处理机制和专业的处理手段，是专职

的废物处理员，能够成功阻止有害病菌和疾病在城市的传播。

切叶蚁加工食物的过程非常有趣。个头最大的工蚁离开巢穴去寻找它们爱吃的植物叶子，它们有刀子一样锋利的牙齿，尾部的快速振动会使牙齿产生电锯般的震动，使它们能够把叶子切成一片新月形。同时，切叶蚁会发出信号，吸引其他工蚁共同加入到锯叶的行列中。切下叶子的工蚁就会把自己的"劳动成果"搬回到蚁穴去。在蚁穴里，个头较小的工蚁先把叶子切成小块，再切磨成浆状，并浇上肥料。在另一个洞穴里，一部分工蚁就会把肥沃的叶浆粘贴在一层干燥的叶子上，还有一部分工蚁从老洞穴里把真菌移过来，种在叶浆里。真菌园需要一大群工蚁进行管理。这群工蚁每分钟能行走180米，这和一个人背负着220千克的东西以每分钟12千米的速度飞奔一样。由此可见，切叶蚁的速度与体能是多么惊人。

第四章

在水中生活的昆虫

　　昆虫的家族是如此的庞大，即使在水中它们也能很好地生存。例如，蜻蜓的幼虫和蚊子的幼虫等。这些在水中生活的昆虫们都有自己的特点：体侧的气门退化，而位于身体两端的气门发达或以特殊的气管鳃代替气门进行呼吸，大部分种类有扁平而多毛的游泳足，能够起到划水的作用。

终极杀手——埃及伊蚊

中文名：埃及伊蚊

英文名：Aedes aegypti

分布区域：非洲、中南美洲、澳洲和东南亚地区；中国广东、广西和海南

登革热是登革热病毒引起的一种急性传染病。临床特征为起病急骤，高热，全身肌肉、骨骼及关节痛，极度疲乏，部分患者可有皮疹、出血倾向和淋巴结肿大等症状。1928年在希腊出现时造成约千人死亡，而这种疾病的罪魁祸首之一就是埃及伊蚊这种昆虫。

埃及伊蚊属于生物类别里的依蚊属，这一属别的主要特征是成蚊喙细直或略弯，无气门鬃而有气门后鬃，翅瓣有缘，除极少数种类外，纵脉末端明显超过纵脉分叉位点，鳞形对称，爪垫不发达，幼虫有完整的下颚缝，触角末端不分节，腹部第8节有栉。

它们多滋生于树洞、竹筒、叶腋、缸罐、石穴、坑洼等小型积水中，有些种类是在稻田、沼泽、水塘等环境下生长的。一般的繁殖方式是卵单产，通常产于容器的潮湿内壁或滋生场所的湿土上。滞育卵耐低温和干燥，并以此越冬或度过干旱季节。

在自然界中，蚊卵并不是一次性完全孵化，而是分批进行孵化，有的甚至要经过多次水淹才能孵化。人们认为，这是幼卵对易干的容器积水的适应。孵化的幼虫多在水下活动，刮食附着在水淹物上或水底的低等生物或其他有机物，而少数种类，如霉蚊亚属的幼虫是肉食为主。

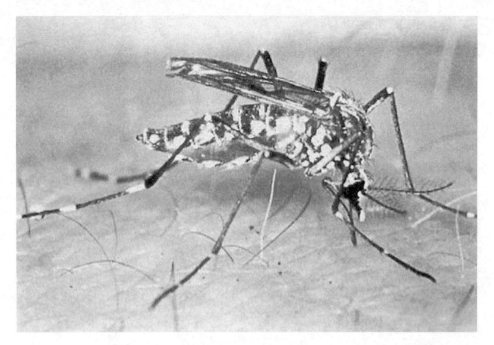

　　在所有的伊蚊属中，埃及伊蚊是银白斑纹、跗节有白环的深褐或暗黑的蚊虫。在它的中胸盾片的两侧是1对长柄镰刀形的白斑，其间有1对金黄色纵条，形成一弦琴状花纹。而它的幼虫的触角光滑无刺，触角毛细小，单支；头毛，单支；体无星状毛；栉齿单行，各齿基部有发达侧刺。

　　与人类居住地区关系比较密切的家蚊，是埃及伊蚊。在居民区周围或室内的容器积水中，都滋生有埃及伊蚊的幼虫。埃及伊蚊特别喜欢在室内饮用贮水缸中孵化幼虫。不仅如此，在同样的场所，雌蚊会刺吸人血，它们主要在白天吸血，通常的刺叮高峰出现在近黄昏和早晨，这给人类带来了很大灾难，因为埃及伊蚊是传播登革热疾病的生物媒介。

　　登革热病毒通过伊蚊叮咬进入人体，在网状内皮系统增殖至一定数量后，即进入血液循环，然后再定位于网状内皮系统和淋巴组织之中，在外周血液中的大单核细胞、组织中的巨噬细胞、组织细胞和肝脏的细胞内再复制至一定程度，释出于血流中，引起第二次病毒血症。它可能引起全身微血管损害，导致血浆蛋白渗出及出血。从而导致消化道、心内膜下、皮下、肝包膜下、肺及软组织均有渗出和出血等严重病情，甚至还可能引起大脑出血，非常危险。

　　埃及伊蚊在中国也有分布，尤其是在广东的湛江地区和海南省等地，它们是中国上述地区登革热的传播者。东南亚各国登革热疫情十分严重，再次出现了一个流行高峰，每年有数万人发病，数百人死亡。在我国多个省份每年均有输入性病例报告，广东、台湾等地也出现了登革热本地病例，对我国公民的身体状况造成了严重的影响。在国外，它们还是城市型黄热病、基孔肯雅病等的主要媒介，因而为最危险的蚊种之一。

　　在自然界中，许多生物虽然身体比较娇小，但是危险性并不亚于身体庞大的生物，埃及伊蚊就是如此。人类要以此为教训，不断地对各种各样的生物进行研究，这样才会避免产生严重的后果。

水面滑行——水黾

中文名：水黾

英文名：The water strider

别称：水马、水蜘蛛、水较剪

分布区域：全世界

水黾的头部很小，有球形的复眼，触角细长，丝状，生长在头部的两侧。前翅基部革质。水黾的体形虽然看上去很大，但身体却很轻。不过，即使身体再轻，它们也必须具有相应的能够浮在水面上的构造。它们的3对足分工很明确：前足短，用来捕食，中足用来划水和跳跃，后足用来在水面上滑行。

水黾营半水生或岸边生活。它伸展着又细又长的腿，能以飞快的速度在水面上滑行。尽管它们在追逐嬉戏中时不时地来个"三级跳"，在水面激起层层涟漪，但是它们的身上却不会被水弄湿，更不会沉入水中淹死。

水黾能够在水面上自由滑行，这与水面特有的张力和它自身具有的特殊构造是分不开的。水表面的一层膜叫表面层，位于气体与液体之间。液体表面层与液体内部情况有所不同，由于长时间和空气接触，液体表面层里分布的分子比液体的内部稀疏，即分子间的距离比液体内部的要大一些。在液体内部，分子间的引力基本上与斥力相等；但是在液体表面层中，由于分子间的距离比内部大，分子间的相互作用就会表现为引力。这种液体分子间相互吸引的力，就是表面张力。液体表面在张力的作用下，能够收缩到最小。如果水表面因张力形成的膜没有被破坏，水面就能承受一些很轻的物体。

水龟的中后足细长，能够向身体两侧极度伸展，这增大了它与水面的接触面积，使单位面积水面承受的重量减轻，因此水龟的体重不会导致水面的那层膜被破坏，从而在水面可以形成一个凹槽。这个凹槽使水龟能够在水面上自如地滑行，就像一条滑道一样。科学家研究发现，水龟的腿排开的水量，相当于自身体积的300倍，这就是水龟具有非凡的浮力的真正原因。

水龟腿部刚毛的疏水性和鸭子背部的毛大同小异。像鸭子一样，其他一些动物也有这种疏水的特性，但绝大多数水龟都没有超级疏水特性。因此，普遍的疏水性(或抗水性)可能会使一些昆虫或其他动物在水面作短时间停留，但只要有轻微的触动或扰动，就会打破这种短暂的平衡。然而，在水龟腿部和水面间形成的空气垫，却能使水龟在水面上快速而平稳地行走或奔跑。

黾蝽科通称水龟，体型大小相差极大，由1.7～36毫米，以狭长的种类为多。终生生活于水面之上，为适应水面生活最为良好的一个科。

除少数种类外，整个身体覆盖由微毛组成的拒水毛。体表缺筛孔状构造。无单眼。喙多且相对较短。触角第一节较长。前胸背板无领，无刻点。长翅型个体前胸背板叶后伸，遮盖中胸背板及后胸背板的成分。翅的多型现象普

遍。有些种类腹部可变得短小而缩入胸部后端，这些现象在急流或海洋表面
生活的种类中常见。

　　多数种类生活于各种水体表面，包括静水和急流、海边沿岸的各种环境。
在静水水体中，多喜在没有水草覆盖的开阔水面上生活。在海洋环境中，海
黾属是漂流最远的一类，常终身漂浮于远洋海面上，在我国海域中已记录4
种。此科的少数类群栖于水溅的石壁上，过着半陆生生活。

轻盈的"小飞机"——豆娘

中文名：豆娘

英文名：damselfly

别称：水乞丐

分布区域：亚热带、温带地区

均翅亚目的昆虫颜色通常很艳丽，俗称豆娘。它们身体细长，头部比胸部和腹部更宽；腹部末端具3个(个别为2个)长形尾鳃。前后翅的形状和脉序相似。翅基狭窄形成翅柄。它们飞翔力弱，在天空中见不到，要到池塘小溪才能找到；休息时一般四翅竖立体背。稚虫体细长，腹末有3个尾鳃，尾鳃是呼吸器官，常呈叶片状，也有呈囊状或其他形状。

豆娘又叫小蜻蜓，胸部以上部分既细又长，前后翅大小一致，称为均翅，而足却比蜻蜓粗大而且长。豆娘最明显的特点是在头部的两旁具有两只巨大的复眼，两眼的距离大于眼的宽度。

豆娘的飞行能力虽不如蜻蜓，但也很强，它们的翅肌的重量超过了其体重的3/4，是它们飞行的动力源泉。在停歇时，豆娘大都会双翅合并束置在胸的上方，而不像蜻蜓那样，将四翅平展在身体的左右两侧。与蜻蜓一样，豆娘也是依赖其敏锐的视力在空中和陆地上捕捉各种小昆虫为食，其食物大多都是危害农作物的害虫，取食地点一般是在池塘、小溪或沼泽地附近。

在繁殖期，豆娘需要进行独特的舞蹈表演。当一个合适的雌豆娘来到雄豆娘的领地时，雄豆娘就立即用其"尾巴"端部的一对抱茎卷须抓住雌性的

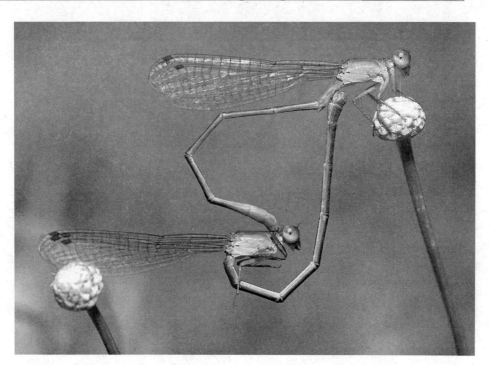

胸部，这种奇特的交配技巧使它们可以在雄豆娘的带领下一前一后地飞行。但在繁殖之前的10天左右的时间里，雄豆娘需要占据一片领地，一般为一片开阔的水域，可以供雌豆娘产卵。雄豆娘需要经常巡查和保卫自己的领地。

　　豆娘的发育和其他蜻蜓一样，需要经过卵、稚虫、成虫3个阶段。雌豆娘常将卵产在水边植物的叶子上，列成一排，稚虫孵化出来后掉在水里，就在水中生活，以捕食水中的小虫为生。豆娘的稚虫体形比蜻蜓小，但是比蜻蜓的稚虫发育快，只需一年多时间就可发育为成虫。

　　一般来说，雄豆娘的数量要比雌豆娘多很多。在它们的繁殖地，当几乎所有的雌豆娘都配了对时，还有大约一半以上的雄豆娘尚未找到配偶，因此，雄豆娘之间的竞争非常激烈。有的雄豆娘常常拦截正在空中飞行的雌豆娘，有的雄豆娘则采用干扰已配对豆娘的方法，使其无法完成交配，伺机取代那只已配对的雄豆娘。当然，如果能寻找到未婚配的雌豆娘就更好了，这样就可能更容易取得繁殖的成功。

　　有趣的是，雄豆娘体型的大小与其交配成功率之间不存在相关性。虽然体型较大的雄豆娘在竞争中略占优势，但也更容易遭到蜘蛛、蜻蜓或青蛙等天敌的捕食，而体型较小的雄豆娘则容易免遭捕食并能活到下一天，于是就能获得更多的交配机会。

为了留下自己的后代，雄豆娘之间的"精子竞争"是十分激烈的。它们的性器官也在为确保自己的父权的斗争中起了十分重要的作用。雄豆娘生殖器的结构十分奇特，不仅形状与雌豆娘的贮精囊很匹配，而且在其端部有一根形状像一个铲子一样的鞭毛，它就是在释放精子前首先发挥作用的"工具"。雄豆娘首先做出一阵有节奏、像是用气筒打气般的动作，直到鞭毛到达雌豆娘的贮精囊，然后用这根鞭毛清理干净雌豆娘先前与另外一只雄豆娘交配后遗留下来的所有精子。在某些豆娘中，这种行为占据了它们整个交配过程中90％的时间，一般持续大约几个小时。只有当雄豆娘彻底地将其配偶的贮精囊里的精子全部清理出去以后，它才会释放出自己的精子。

朝生暮死——蜉蝣

中文名：蜉蝣

英文名：mayfly

别称：一夜老、夜夜老

分布区域：热带至温带的广大地区

　　蜉蝣目通称为蜉蝣，它是最原始的有翅昆虫，具有古老而特殊的性状。蜉蝣成虫个头较小或中等，细长，体壁非常柔软。蜉蝣头部小，长有刚毛状的短触角。此外，还长有发达的复眼，雌性蜉蝣的复眼左右相距较远；雄性蜉蝣的复眼较大，左右距离较近，有3个单眼。蜉蝣口器为咀嚼式。蜉蝣的胸部以中胸最大，前、后胸极小不太明显，蜉蝣有两对三角形的翅，很脆弱，膜质，大多蜉蝣前翅大，后翅小，有的后翅已经退化。蜉蝣在休息时，翅会竖立在身体背面。蜉蝣翅脉极多，且最原始，翅脉上有很多纵脉和横脉，呈网状分布。翅的表面呈折扇形。蜉蝣的足很细弱，仅适于攀附。

　　蜉蝣腹部有11节。雄性蜉蝣第十节后缘有一对抱器，这是由前足延长形成的，适用于在飞行中抓住雌虫。在第十节后缘内侧，有2对短小简单的阳茎。雌性蜉蝣生殖孔有1对，开口在第7、8腹节的腹面。雌性蜉蝣的卵巢按节排列。两性生殖孔均成对。腹末有1对长丝状尾须，分节。蜉蝣的第十一节背板延长成中尾丝，其尾须和中尾丝细长多节，与缨尾目昆虫极为相似。

　　蜉蝣变态类型为原变态，它一生要经历卵、稚虫、亚成虫和成虫4个时期，在有翅亚纲中，蜉蝣是较原始的变态类型。特别是从幼虫到成虫，需要经历一个"亚成虫期",这时,亚成虫与成虫几乎相同。亚成虫期历时较短,一般经历数分钟到一天左右的时间,它就会蜕变为成虫。

蜉蝣的卵产在水里,一般经过7～14天便孵化成稚虫。稚虫在水中靠吃植物、藻类为生,也捕食一些水中的小动物,如石蛾、石蝇、蚂蟥和鳌虾等,这样不断地在体内积贮营养物质,供以后发育为成虫时交配产卵用。在1～3年的漫长时光里,稚虫一般需要蜕皮20多次,身体才能逐渐长大,直到长出翅芽,变为亚成虫的时候,它们才顺着水草爬出水面,在水边的草丛或石块上蜕去暗淡的"旧衣",换上洁白透明的"新装",变成成虫,展翅飞到空中。在发育为成虫以前,还需要一天时间经历一次蜕皮。

变为成虫之后,它们便在空中一边"婚飞"一边交配。大多数蜉蝣"婚飞"的时间是在下午或傍晚,雄蜉蝣用它那独特的前足抱住雌蜉蝣的前胸,显得十分亲热。这时,雌蜉蝣就会把腹部后面的尾丝向后伸直,而雄蜉蝣则立刻将自己的尾丝向前方伸展。交配后不久,雄蜉蝣便死去。雌蜉蝣则从腹部到头部都充满了卵粒,数量多达2000～3000粒。产卵之后,雌蜉蝣也随即死去。

古今中外,都习惯于把蜉蝣视作"朝生暮死"的同义词。相传古希腊学者亚里士多德在观察蜉蝣在空中飞翔时,见其顷刻坠落而死,就认为它们"仅有一天生命";又见其飞行的姿态酷似在水上漂游,便把它称为"蜉蝣"。英国人则称其为"一日虫"。我国的古人早在两千多年以前就已经发现它"朝生暮死",寿命极为短促。《诗经》中写道:"蜉蝣之羽,衣裳楚楚。心中忧矣,于我归处。"此后,一直到明朝的《本草纲目》注也有类似的说法:"蜉蝣水虫也,状似蚕蛾,朝生暮死。"不仅如此,古人还常在文学作品中提到它,用以感叹生命的短暂,告诫人们珍惜时间。

事实上,如果只计算成虫的寿命的话,古人对蜉蝣的观察是正确的,它的确是个"短命鬼",从变为成虫时起,到生命结束止,最多的存活不到一天,少的仅仅只有几个小时。在昆虫世界里,成虫寿命最短的就数它了。不过,它的寿命如果要从稚虫算起的话,古人的看法就不对了。蜉蝣变成成虫以前,要在水中度过几个月甚至几年漫长的时光。这样长的寿命,在昆虫世界里不

但不能算是"短命鬼",而且还应该说是长寿者呢。

蜉蝣其实是一类古老而原始的昆虫。根据化石考证,在距今约3亿年前的晚石炭纪地层中只发现有4个目(蜉蝣目、直翅目、蜚蠊目和缨尾目)的昆虫一直延续至今。由于无翅昆虫是有翅昆虫的祖先,而无翅昆虫如缨尾目昆虫的腹部分布有3条长尾丝,但是在现代有翅昆虫中,惟独蜉蝣还保持着2~3根这样的尾丝,因此可以通过对蜉蝣的研究来推测昆虫从无翅到有翅的进化过程。

蜉蝣的稚虫是鱼类的佳肴,早在19世纪,美国科学家就发现蜉蝣稚虫平均占整个鱼类食料的20%以上。后来,人们又发现有名的羊肉鲷、河鲈和鲱鱼等都非常爱吃蜉蝣稚虫。在我国云南、四川等地某些鱼类的进食中,蜉蝣稚虫竟占了80%~90%。蜉蝣的成虫也是鱼类的食物,每当大批雌雄蜉蝣交配后,沉降在水里的蜉蝣尸体都是鱼类的优质饵料。因此,蜉蝣对于养鱼业十分重要,可以说有蜉蝣的水域就鱼肥水净,水面上常常会荡漾起清澈的涟漪。

蜉蝣还是检测生态环境质量的指示物种。有些种类的蜉蝣的稚虫喜欢在含氧量较低、二氧化碳含量较高、有毒物质较多的水域中生活;有的稚虫则喜欢在含氧量较高、二氧化碳含量较低、有毒物质较少的水域中生活。因此，蜉蝣稚虫的种类和数量可以作为判别水域中水质污染程度的指标之一。

　　蜉蝣的稚虫还是水中的天然过滤器。在它们的体内有7对功能发达的过滤器官，水从第一对过滤器进入，逐次经过各对"过滤器"。蜉蝣不断地抽取水中的氧气，消化水中的有机杂质，这样从最后一对"过滤器"中滤出的水便是干净的水。

水中遨游——龙虱

中文名：龙虱
英文名：diving beetle
别称：潜水甲虫、水龟子
分布区域：中国广东、广西、海南、福建和湖南、湖北

龙虱的身体为椭圆形而较平扁，主要为黑色，鞘侧缘为黄色，有光泽，有的种类具有条纹或点刻。它长有细长的触角，复眼位于头的后方，口器坚硬而有力。前足的前3节平扁，顶端靠里长有两个短柄的大吸盘和许多长柄的小吸盘，具有吸附作用，用于在交配时吸着在雌龙虱的背上，是雄龙虱捉抱雌龙虱时的得力"工具"，称为抱握足。后足发达，侧扁如桨，上面长着许多弹性的刚毛。在划水时，刚毛时缩时松，有利于快速游泳。

龙虱喜欢生活在水草丰盛的池沼、河沟和山涧等处，是既能在空中飞翔，又能在水中遨游的昆虫。它们常常游在水面上，将头朝下停在水里，把腹部尖端露出水面，不久便潜进水下去了。它们也有放臭气的习性，遇到危急时，就从尾部放出黄色的液体或臭气。

龙虱十分贪吃，是养鱼业的害虫。它不仅吃小虾、蝌蚪、小虫，连比它大好几倍的青蛙、小鱼，它也要发动攻击。当一只龙虱将小鱼或青蛙咬伤以后，其他伙伴一闻到血腥味，便蜂拥而至，分享"盛宴"。

龙虱是完全变态的昆虫，雌龙虱在水生植物枝、叶上产卵。孵化出来的幼虫身体细长，头上长着巨大的颚，像两把镰刀，当用颚扎住猎物后，龙虱

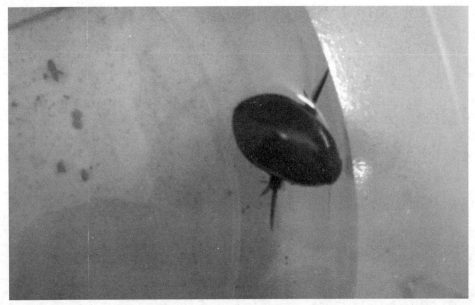

的幼虫就吐出一种特殊的有毒液体，经由管道进入猎物体内，使猎物麻痹。接着，它又吐出一种具有消化功能的液体，以同样方法进入猎物体内来溶解并消化猎物。然后，幼虫的咽喉就开始工作，把消化后的营养物质吸进体内。这是一种特殊的消化方式，叫做体外消化。

幼虫经过1个多月的发育成长、蜕皮，就离开水域，到岸边掘洞躲藏。接着它蜕去原来的褐色"外套"，变成白色的蛹。这时候，它就不吃不喝了。再经过10多天，它们就变为成虫了。

龙虱长有两排贯通全身的气管，开口位于腹部上面，叫做气门。在它的鞘翅和腹部之间贮存着空气，可以通过气管供给体内。气门口上生有很多刚毛，它像一个"过滤器"，可以让空气通过，滤去杂质。龙虱通过把用过的空气从气管中排出，再把新鲜的空气吸入气管，从而在水中不停地上浮下沉。

此外，在龙虱坚硬的鞘翅下，还有一个专门用来贮存空气的贮气囊，在龙虱的腹部形成一个像氧气袋似的大气泡。比人类制造的氧气瓶更奇妙的是，这个气囊不但能贮存空气，还能够生产出氧气供龙虱使用。原来，当龙虱刚潜入水中的时候，气囊中的氧气大约占21%，氮气占79%，而这时，水中溶解的氧却占33%，氮占64%，还有3%是二氧化碳。随着龙虱在水中不断地消耗氧气，气囊内和水中的气体含量逐渐不平衡，于是，多余的氮气就会从气囊中扩散出来，而周围水中的氧气却乘虚而入，进入气囊。由于氧气向气囊内渗入的速度比氮气扩散的速度快3倍，水中的氧气就能源源不断地补充进来，供龙虱呼吸。一直到气囊内的氮气扩散得差不多，不能再渗入氧气的时候，龙虱才会浮出水面，重新将鞘翅下的空间贮满新鲜的空气，然后再次潜入水下遨游。

水质检测者——石蝇

中文名：石蝇

英文名：stonefly

别称：石蝼

分布区域：除南极以外的世界各大陆

石蝇身体柔软，细长而扁，多为黄褐色或黑色。头部宽阔，触角很长，呈长丝状，至少等于体长的一半。复眼发达，单眼2～3个。口器为咀嚼式，很像蝗虫。

石蝇的前胸为方形，发达，能活动。中、后胸构造相似。多数种类的成虫具膜质翅2对，后翅常大于前翅；前翅狭长，半透明，似覆翅；后翅臀域发达；静止时呈扇状折叠，四翅平迭于体背。少数种类无翅或雄性短翅。足多细长而扁。腹部11小节。具有有丝状多节的尾须1对。雌石蝇无产卵器，雄石蝇外生殖器复杂，由第9、10、11腹节组成。

石蝇飞行能力不强，多数无法长距离飞行。它们一般栖息于溪流、湖畔等附近的树干上、岩石上或堤坡缝隙间，部分植食性，取食植物嫩芽，但食量不多，有些种类则不取食。

雄石蝇的求爱方式很特别，它会用腹部末端敲击附着物，产生击拍的声音信号，招引雌石蝇前去幽会。未交配的雌石蝇会识别这种独特的"爱情"信号，当它听清这是同一种类的"情郎"正在向自己求爱时，雌石蝇才会做出回应。于是，雌雄石蝇便在地面、杂草和树枝上进行交配，繁殖后代。

　　石蝇的变态类型为半变态，幼虫和成虫的形态和生活习性皆不同，幼虫水生，成虫陆生，此类幼虫称"稚虫"。卵呈球形或方形，有的卵表面有丝状物。雌石蝇产卵于水中，一只雌石蝇一生产卵达数百乃至上千粒，多者达5000～6000粒。石蝇稚虫头、胸、腹分节明显，腹部分为10节。触角为丝状并且细长，有翅种类至终龄时常具翅芽。腹末具有1对尾毛。以体壁及腹部成束的气管鳃呼吸。石蝇大多数种类的稚虫在成熟后会爬离水面羽化为陆栖成虫，在溪流边的巨石上时常可以看到石蝇稚虫羽化之后留下的蜕皮。

　　石蝇稚虫在攻击猎物时有一定的互动程序。稚虫首先接近猎物，待猎物一移动，稚虫便以猎物的反应模式来判定是否要攻击或放弃。当石蝇稚虫攻击正在移动中的猎物时，并非用视觉来寻找猎物，而是通过探测水波的变动和猎物的游泳模式来判定是否捕食。

　　石蝇稚虫喜欢栖息于有明显水流、氧气充足的山区溪流中的石下沙粒与水草中，寒冷的湖泊和水塘也是北方和高海拔地区种类适宜的生境。

　　由于它们对水体污染非常敏感，因此溪流中石蝇稚虫存在与否，可作为监测溪流是否污染的信息，石蝇也成为小溪和河流水质的指示昆虫。

　　石蝇稚虫捕食蜉蝣稚虫及双翅目如摇蚊和蚋的幼虫或其他水生小动物等，或取食水中的植物碎屑、腐败有机物、藻类和苔藓等。不少种类于秋季、冬季或早春羽化，羽化时间整齐，在一个地区常可发现不少种类的季节更替现象，还有部分种类飞翔交配于冰雪之上，这种现象在昆虫界是极为罕见的。

父代母职——负子蝽

中文名：水鳖虫、河伯虫

分布区域：中国辽宁、河北、山西、江苏、浙江、湖北、湖南、安徽

　　负子蝽又叫负子虫，在繁殖期，"夫妻"俩好像经过商量一样，配合得十分默契。雄负子蝽一改平时凶猛的姿态，非常温顺地待在雌负子蝽一旁，并把身体背部钻到雌负子蝽的腹下，让雌负子蝽像骑马似地蹲在雄负子蝽扁平宽阔的背上。雌负子蝽用前足紧紧抱住雄负子蝽的胸部背板，后足撑起身体，腹部末端向下弯曲，将一粒粒卵产在雄负子蝽的体背上，总共产下40～50枚卵。同时，雌负子蝽还分泌出大量的黏液把卵粘附在背上。雄负子蝽则主动配合在雌负子蝽的身体下面挪动着自己的身体，让它更好地产卵。产完卵，精疲力竭的雌负子蝽再也没有力量协助"丈夫"照顾"儿女"了，只能游荡四方，优哉游哉地过着独居生活，不久之后雌负子蝽的生命就结束了，从而将养育子女的重任完全交给了自己的"丈夫"。

　　于是，雄负子蝽便独自承担起养育子女的重担。它背负着众多还未孵化的卵，继续在水中游荡度日。这些卵没有花纹，是白色的胶囊形状。在雄负子蝽背上的卵粒，如果没有适宜的温度是不能孵化的，而且会僵化死去，所以雄负子蝽尽量不到寒冷的水中去，并且依靠体内产生的热量，让背上的卵粒在正常的温度中渐渐孵化。另一方面，雄负子蝽还要提防水中的各种敌害来偷食卵粒，因为有很多吃"荤食"的水生动物都会前来偷袭，所以雄负子蝽还得时刻准备着与敌害决一死战。

　　与此同时，雄负子蝽背上的卵还要吸取氧气，因为没发育完全的"胎儿"，身体没有呼吸氧气的器官和本领，如将卵完全浸于水中，则所有的卵会因缺氧而全部死亡。所以雄负子蝽每隔一段时刻必须浮出水面换换新鲜空气，还能让下一代享受滋润的雨露和灿烂的阳光。在如此辛苦的一上一下的浮动时，既要防止背上的卵粒脱落，又要防备水面上的风险和骚扰。它不辞辛劳地上下游动，以保证卵的正常发育。虽然有时惊险异常，但雄负子蝽也常常在水中悠然地回旋游动，轻轻地飘荡着，划着水，让水花不时地溅到卵上，使它湿润。

　　半个多月以后，卵孵化了，一只只乳白色的幼虫出世了，但还要趴在"父亲"的背上生活一段时间，直到它们稍稍长大，有了独立生活的能力，做爸爸的雄负子蝽才会翘起那对长长的后足，巧妙地把孵出的子女刷落下来，让它们顺利入水。它们也好像理解"父亲"爱护"儿女"之情，还舍不得离去，直到蜕过一次皮、能独立生活后，才能离开"父亲"，各奔东西，自谋生路。雄负子蝽才算完成了"妻子"托付的重任。不幸的是，待这一切都结束以后，雄负子蝽的寿命也将告终。

水中筑屋——石蛾

中文名：石蛾

英文名：stony moth

分布区域：全世界

　　在水边的草丛里，人们常常可以看到一种小蛾停留在水体边缘的植物体上。它不仅拥有强健的步行足，还长有两对翅膀——它就是石蛾。与其他的同类相比，它不算美丽，更没有鲜艳夺目的色彩，身体呈浅褐色。它有一个比较明显的特点是翅膀上长有茸毛，像屋脊状折叠于腹部之上，触角也比较长。

　　石蛾是在水下繁殖幼虫的，通常情况下，雌体石蛾会将卵产在水中，有时也产在水面附近的植物上。石蛾的繁殖速度比较快，从幼虫、石蚕到石蛾，只需要几天的时间。在此期间，它们都生活在淡水中，以藻类、植物或其他昆虫为食。石蛾在幼虫时就懂得建筑自己的小窝了，它们把自己的唾液当成胶水，利用自己唇腺分泌出来的丝质物质，把沙粒、贝壳碎片或植物碎片等等黏结成巢壳，巢壳一般都是管状的，两端开口，只覆盖住自己的腹部，头部和胸部则露在外面。而且，这些建造好的小房子还可以移动。经过一个阶段的发育后，有一些幼虫就会将巢壳黏附在固体物质上，把两端封闭，在内部化蛹，而另一些种类就会再建一个茧。等到发育成熟后，蛹就会将巢壳或茧切穿或咬穿，游到水面，变为成虫。到了这个时候，它们才会飞出水面，迫不及待地去寻找配偶。

　　比较有趣的是，石蛾尽管拥有咀嚼式口器，但成年后却不能再咀嚼食物，

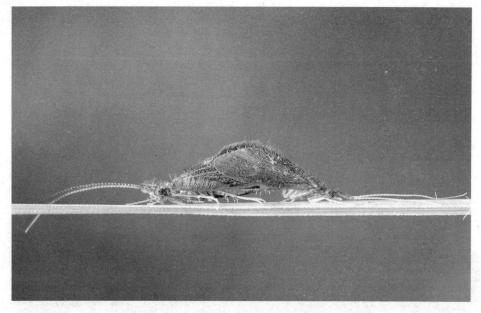

只能吸食液体，如植物的汁液和花蜜等等。石蛾虽然长着两对翅膀，却不善于飞行，飞起来的时候非常不稳定。大部分石蛾和其他蛾类一样很容易被光吸引，喜欢夜间飞行。

石蛾可以算得上是一个建筑专家，它们特殊的建筑才能令人惊叹，它们能用任何东西造房子。如果人们仔细观察水中的叶子，就会发现它们在上面留下的痕迹，很多叶子已经变成了它们的家。这些与众不同的建筑师为了躲避可怕的食肉动物，往往会建造一个个小房子把自己伪装成河床的一部分，以骗过那些饥饿的捕食者。在我们人类手里，石蛾幼虫造的这些精致的小房子的用途就更大了。现在，有很多人在饲养石蛾，他们的目标就是它们的小房子，因为只要稍作加工，那些"小房子"就会变成一种独特的珠子，成为人类制作珍宝的最佳原材料。你知道喜欢钓鱼的人为什么会把作鱼饵的假绳做成石蛾的形状吗？这是因为石蛾的幼虫和成虫是许多淡水河溪湖泊鱼类的美味佳肴。当然，石蛾的作用远不止这些，它们还是淡水生态系统的重要组成部分，因为动物或植物的碎屑等垃圾是它们的美味，它们在填饱肚皮的同时也帮助人们清洁了水体。这样看来，石蛾虽然长的不美丽，但却是我们的好朋友。

第五章

寄生性昆虫

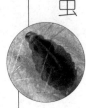

有些寄生性昆虫依靠吸血为生，终生寄生在哺乳动物的体表，如跳蚤、虱子等。有的则寄生在动物体内，还有一些昆虫竟然寄生在其他昆虫体内。这些寄生现象对昆虫来说，都是在生存竞争中形成的一种本能。

保鲜绝技——姬蜂

中文名：姬蜂

英文名：ichneumon

分布区域：全世界

  在昆虫世界中，姬蜂的体形偏瘦，它的头前端长着一对细长的触角，尾后拖着3条长丝，宛如鲜艳的彩带，每当姬蜂扇动两对透明的翅膀，就会摇摇晃晃飞起来，看起来飘飘欲仙，非常好看！也许这就是"姬蜂"名字的由来。多数姬蜂是黄褐色的，只有雌蜂的尾后长有长带，那是产卵器与产卵器的鞘形成的长丝。如此长的产卵器，在昆虫中并不多见，有的产卵器甚至超过了姬蜂自身的体长。

  由于姬蜂寄生在许多害虫上，所以我们可以把它看作是一种益虫。雌性姬蜂把卵产在宿主的幼虫或蛹(很少在卵或成体)上。幼虫以宿主的脂肪和体液为食，长成后会织一茧。如果宿主生活场所不够隐蔽，姬蜂幼虫就寄生在宿主体内；如果宿主生活场所比较隐蔽(如树木孔道内)，姬蜂幼虫就会寄生在宿主体外。大多一个宿主上只寄生有一只幼虫，但有时也会出现多只幼虫寄生的情况。

  姬蜂寄生的本领十分高强，即使别的昆虫躲在厚厚的树皮底下，也难逃其手。所幸的是，大多数姬蜂寄生在农、林害虫体上，这样可以消灭各种各样的害虫。无论哪种姬蜂，它们的幼虫都要寄生在其他类昆虫的幼虫或蜘蛛体内生活，靠吸取这些寄主体内的有效营养，满足自己的生长发育。由于姬蜂的寄生习性，寄主最终会被掏空身体而一命呜呼。

  姬蜂养家糊口的方式别出心裁。它们对生儿育女倾注了太多的热情和爱

心，这并不亚于动物界任何其他种类的昆虫。

　　姬蜂利用螯针捕杀毛虫、蜘蛛、甲虫或甲虫的幼虫等猎物。为了保持食品的"新鲜"，姬蜂只是刺伤猎物，而不会让猎物死掉，然后把猎物搬运回"家"中(洞穴里)。姬蜂在猎物的身上产下一个或多个蜂卵后，就会撒手离去，而它的孩子们就靠着这些猎物提供的养分，开始生长发育。

　　在刺伤猎物时，姬蜂为了做到"伤而不死"，总是选择猎物的一个固定部位对其进行"行刺"。螯针刺入猎物体内时，会触及到它的神经节，只要射入一滴毒汁，猎物就会瘫痪，这很像是人类临床医学应用的针刺麻醉术。

　　许多姬蜂都有"不劳而获"的不光彩行为。它们并不主动去冒险向猎物发起攻击，而只是观望着同伴们的冒险举动，一旦胜利者放下猎物去觅洞时，这些"懒惰"的姬蜂就会偷走现成的食物，占为己有。

　　它们的这种"保鲜"意识，是伴随着刚孵化出来的姬蜂幼虫出现的。它们先吃掉猎物肌体不太重要的部分，使猎物仍然保持鲜活，有的猎物被吃掉一半或3/4时，居然还活着。姬蜂这一独具匠心的繁衍后代的方式，能够保证其子女食宿无忧。尽管它们的居室里没有冰箱，但是它们的食品的新鲜程度远远不是人类的罐头食品可以相比的。

血性寄生——虱子

中文名：虱子

英文名：louse

分布区域：全世界

有许多昆虫以吸食血液为生，如蚊子、虻等，它们都是独立活动，狠狠叮一口后快速逃离。而在这类昆虫中，还有一种寄生性昆虫——虱子，它们终生寄生在人或动物身上，不仅吸食血液，而且还使宿主奇痒难耐，但大多数情况下寄主又无计可施，只能任其肆虐，实在令人讨厌。

虱子为不完全变态昆虫，一生经历卵、若虫和成虫3个时期。卵为椭圆形、非常小，白色，俗称虮子。虱子粘附在毛发或纤维上，其游离端有盖，上有气孔和小室。若虫就从卵盖处孵出，其外形与成虫相似，但较小，尤以腹部较短，生殖器官尚未发育成熟。若虫经三次蜕皮长为成虫。成虫身体微小，头略呈圆锥形，触角短小，复眼退化或消失，没有单眼；口器为刺吸式，吸食血液的时候，唾液腺分泌物可防止宿主的血液凝固。它们没有翅膀，脚粗短。足为攀悬式攀附在宿主身体各部分。

虱类是已经完全适应宿主体表环境的寄生昆虫，它的发育各期都不离开宿主。因而，对寄生环境的要求比较恒定、专一。它们喜欢黑暗，有群集的习性。虱类若虫和成虫均嗜吸血，若虫每日至少需吸血一次，成虫则需吸血数次，雌虱吸血量和频度均较雄虱多，常边吸血边排粪。虱子体内不能储存食物，因此不耐饥，当吸不到血时，最多能活10天。

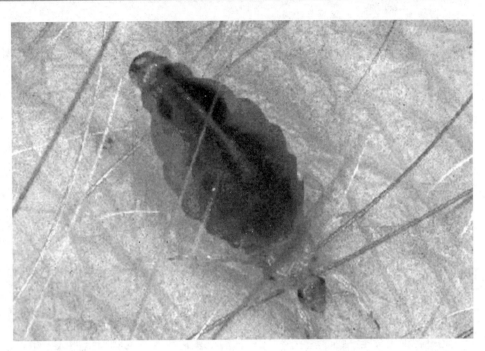

　　虱子不仅吸人血，还喜欢往鸡身上跑。一到夜晚，躲在鸡舍缝隙内的小鸡虱，就开始活动起来。它们头上长着一对触须，能准确无误地测知鸡身上散发出的热来自哪个方向。于是从缝隙中钻出来，寻找到温暖的鸡身，叮上去就不停地吮吸那美味的鸡血。待到日出之时，雄鸡开始喔喔打鸣，由于鸡身的活动，体温骤然升高，鸡虱难以忍受，加上经不起鸡白天在泥沙里"沙浴"时的震动，所以天明前它们就返回到缝隙中躲藏起来，等待着夜晚的来临。

　　有一种虱子，喜欢吸鸟血，而且还有一套奇特的本领。有时鸟的身体全被虱子叮满了，后来的虱子挤不进去，就会叮咬已经吸血的虱子，吮吸同伴从鸟身上吸到的血。不过它们会再被后来的第三批虱子叮吸，第四批又叮吸第三批……依次叮吸，排成一串，这等于从鸟身上拉出了一根输血管。最后，把这一串虱子都养胖了，而鸟的血却被吸干，直到奄奄一息动弹不得。

臭名远扬——跳蚤

中文名：跳蚤

英文名：flea

别称：虼蚤、虼蚤子

分布区域：全世界

在人类眼中，昆虫都是些小生物，它们很多只有我们的脚拇指那么大小。有些昆虫甚至还要更小，它们可以算的上是昆虫界的小不点。跳蚤就是这样的小不点，它的身长只有0.5～3毫米，体重才200毫克左右。这么小的个子让人类要看清楚它可是要花上一番工夫的。再加上跳蚤多动的个性，总是无时不刻地跳来跳去，让人更加无法捕捉到它的身影。往往才刚刚看到一个黑点停在那里，正想过去仔细看个究竟，可是还没一眨眼的时间，它就已经无影无踪了。

想要看清楚跳蚤都这么困难，更不要说抓住它了。从这个角度来说，跳蚤的小小个子还是有一定好处的，比如说其他生物想要抓住它就存在很大困难，这样跳蚤就有一个比较安全的生活环境。

跳蚤虽然个子小，可是身体结构却并不简单。跳蚤没有翅膀，不能飞翔，取而代之的是极为发达结实的后腿，因此它善于跳跃，最高能跳到身长300多倍的距离。如果人类也具有这样的功能，那就相当于一个人跳过一个足球场的距离。真是让人惊叹的跳跃能力！

跳蚤属于完全变态昆虫，也就是说它的一生要经历四个发展阶段。跳蚤

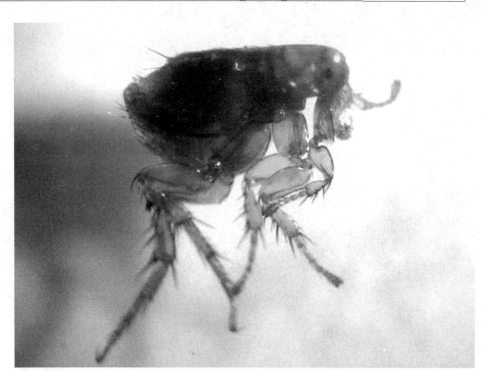

的卵呈白色，经过四五天的时间就长出白色的幼虫，但是这个时期的幼虫是没有脚的，因此无法移动，只能以自己的粪便和周围灰尘中的有机物质作为食物。大概再过两个星期左右，幼虫会吐出大量的丝混着周围的灰尘结成茧。再等两个星期，从自己结的茧中钻出来才是最终形态的成虫。

跳蚤是一种寄生虫，只要它发现了动物，尤其是哺乳动物的时候，就会第一时间跳到对方的身上就不再离开了。除非被宿主发现，要被"驱逐出境"，否则它就会在这里安家长住了。猫猫狗狗，甚至人的身上都是它经常落脚的地方。也正是因为这种寄生性，人类和动物都十分的讨厌它。

其实，跳蚤也不是有意想寄生在别的生物上的，这是由它天生的生活习性决定的。跳蚤的身上布满了硬毛，这些倒着长的长毛可以帮助它自由的在其他生物的毛内行走，坚硬的外表又让它很难由于宿主的搔抓而掉出来。跳蚤的口器尖锐带刺，饿的时候只要把嘴巴插入动物的皮肤就可以吸取对方的血液。这就意味着，跳蚤只有生活在别的生物身上才能方便地获取到食物。只是跳蚤的这种生活方式给别的生物带来了很大的困扰。

臭名昭著——臭虫

中文名：臭虫

英文名：bedbug

别称：木虱、床虱、壁虱

分布区域：中国

臭虫是一种较常见的昆虫，在人们的居室及床榻的缝隙中生长繁殖。俗称床虱、壁虱，属半翅目臭虫科。臭虫呈宽扁的卵圆形，红棕色，无翅，但有非常明显的翅基。

臭虫之所以得到这样一个恶名，它能够发出臭味是其中的原因之一，但是主要的原因还在于绝大多数臭虫是危害农作物、蔬菜、果树和森林的害虫。

那么，为什么臭虫会散发出难闻的"臭气"呢？原来，在臭虫身上，长有一种特殊的臭腺，其开口在臭虫的后胸腹面，靠近中足基节处。当臭虫受到惊吓时，臭腺就会分泌出挥发性的臭虫酸，臭虫酸经臭腺孔扩散到空气中，周围就会臭不可闻。这种"臭气弹"是臭虫自卫和抵御敌害的武器，这是臭虫长期适应环境的结果。一旦臭虫遇到敌害进攻时，就会立即施放臭气进行自卫，敌害闻到臭味就不敢贸然进犯，臭虫则乘机逃之夭夭。

臭虫的成虫有很强的耐饥饿能力，一般臭虫可耐饥6～7个月，甚至可以长达1年。臭虫不但有很强的耐饥饿能力，而且还能够抵御严寒。那么为什么臭虫具有如此顽强的生存能力呢？研究发现，这与臭虫的生活习性有关。因为臭虫常年生活在墙缝、床缝和家具缝隙中，夜晚出来活动时，会吸食人、

鸡、兔等的血液。但是在漫长的时光里，由于臭虫生活的场所没有充足的食物来源，尤其到了寒冷的冬季，臭虫取食更为困难，这极不利于臭虫的生长。时间一长，臭虫的消化系统和生活习性就会慢慢适应这种不利的生存环境，因而臭虫的生存能力就越来越强。

在冬季低温条件下，臭虫生长发育缓慢，甚至停止，其生理代谢主要依靠活动时期的积累维持。当环境温度变暖时，臭虫就开始四处活动，吸食人与动物的血液，满足其生长与繁殖的需要。

由于臭虫生活的环境很特殊，因此臭虫总是在白天藏起来，夜晚出来活动吸血。臭虫行动迅速，不易被人捕捉。由于臭虫习惯阴暗，害怕声响，所以只要略有声响，臭虫就会立即仓皇逃走。噪声大的地方，臭虫一般也不会去光顾。

研究表明，臭虫每分钟可以爬行1米以上，因此，当你被臭虫咬后准备开灯捉拿它时，它早已跑得无影无踪了。

臭虫对人的危害很大。它吸食人血后，能够使皮肤敏感性较高的人出现局部红肿，痛痒难忍。在非洲有关臭虫的报道中，有许多人因臭虫大量吸血而引起贫血或诱发心脏病及感冒。长期以来，臭虫一直被怀疑可以传播疾病。虽然用实验方法可使臭虫感染多种病原，但至今尚未能证实在自然条件下臭虫能够传播疾病。

隐蔽寄宿——螨虫

中文名：螨虫
英文名：follicle mite
分布区域：全世界

蜱螨亚纲包括蜱及螨，分布极为广泛，种类众多，是对人类具有重要经济意义的一类蛛形纲动物。螨类可以说是无处不在，许多种类是自由生活的，有的生活在陆地的森林、土壤、石下等，也有的生活在淡水及海洋中；还有相当多的种类在人、畜体表或体内寄生，是一些疾病的传播者；也有很多是农作物的寄生物，造成农作物生产的巨大损失。种内数量也往往是极大的，已报道的种类约有30000多种，而实际数目远远不止这些。人们已建立蜱螨学对其单独进行研究。

螨类的体长0.25～0.75毫米，最小的可小于0.1毫米，蜱是最大的螨，吸血后体长可达3厘米，最主要的特征是腹部体节消失，大多数种头胸部与腹部完全愈合，外表盖有一完整的背甲。身体前端由外骨骼的头盖、螯肢、脚须基节共同组成假头。假头围绕前口腔，其后为口；脚须基部与上唇联合形成口锥；它可以伸缩用以刺吸取食。螯肢3节，末端具钳，脚须也为3节具钳，4对步足均6节，末端一对爪。除去假头，身体呈卵圆形，腹部有无腹板，其数目、形状因种而异。生殖孔位于第3～4步足之间，体表有许多毛，其数量、排列是种的分类依据之一。

蜱是蜱螨类中重要的吸血类群，可以分为硬蜱和软蜱以及纳蜱3类。蜱可以寄生在牛、马、羊、兔、狗、鸟等身体上，大多为吸血性，由于蜱的刺吮，

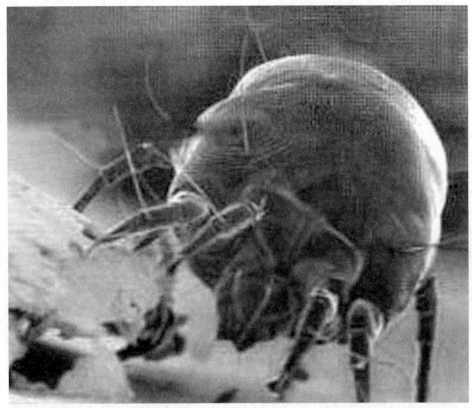

不仅会造成血液损失，而且刺伤处往往发炎或形成溃疡，经久不愈，更为严重的是能对人和家畜传播多种疾病。在虫媒疾病中，由蜱传播的病原体种类最多，其中包括脑炎、斑疹伤寒、回归热等；在牲畜中会传播血孢子虫病和兔热病，是农牧业的大害。

蟎虫体态独特，呈卵形，有4对足以及适合嚼、吸或锯的口器，有一个长长的肚子和4对像爪子一样的腿。

它们的躯体上头胸腹三部分连在一起，螯角变做吻，具倒生的小钩，螯足(脚须)变为行动的工具，并且在幼小时只有3对足。凡是软皮的蟎，口器如钳，叫做恙虫；硬皮的蜱，口器是吻状，有倒小钩，叫做壁虱。

大多数蟎虫都太小了，以至于人们无法用肉眼看见。在显微镜下，饥饿时形如干瘪的碎叶片，饱食时形如葡萄。它那比头发丝还细数倍的感觉器分别担负着温湿度的测定任务。在春秋两季25℃左右时，是蟎的最适温期，再加上湿度大，极易酿成螨类的猖獗的祸患。

螨虫是地球上多样性最丰富的动物，到目前为止被鉴定的螨虫大概只占所有螨虫种数的1/10。它们几乎可以在任何地方生存，从陆地到海洋，从盖着冰的、阳光照射不到的海洋深处到能够煮沸大多数有机体的热泉中都有螨虫的存在。比螨虫对环境有更强适应性的只有细菌。螨虫能在蜜蜂的气管中繁育出一个家族，或者在蜂鸟喙上的花朵之间突然向上移动。在1平方英尺的森林中，就栖息着100万只、超过200种的螨虫。

螨类能爬行，也善于附着在其他动物身上，还可以利用风来扩散，所以极易传播。

螨虫都吸吮液体，但其生活方式却各不相同。寄生于植物的种类吸食细胞液，寄生于动物的种类吸吮血液，或者从身体组织内分泌出消化酶，以利于消化，然后再吸食。蜱和螨都具有它们的独特之处；它们的角质层在进食时能伸展开，这是由于平时的角质层总是紧紧地皱在一起。陆生蜱可长时间禁食。许多种蜱和螨在进食后，便脱离寄主体，以便在地上安全地消化食物。

螨中也有益虫，有一种称为拟长毛钝绥螨的就是。它比二点叶螨小得多，专门捕食叶螨为食，是益螨之一。它用螯肢咬破卵皮，然后用口针很快把卵吸干，有时爬在叶螨身上用口针吸叶螨的体液，只留下叶螨的空壳，有时用前脚去踩打叶螨的卵。这种螨分布广，而且既耐高温，又耐低温，耐雨水，又耐饥饿，繁殖速度比叶螨快，捕食量也大，能有效地控制叶螨的数量，这也是生物防治的一种方法。

此外，还有能寄生的螨。有一种水螨能寄生在蚊子身上，还能下水吃掉孑孓；有一种草螨能吃掉苍蝇的卵，消灭苍蝇；还有一种专门寄生在红铃虫、苹果食心虫幼虫上的蒲螨，可消灭这些害虫。甲螨生活在土壤中，它的活动对改造土壤有利。目前人类对益螨的利用，正方兴未艾。

由于螨虫个小体轻，人类的活动和风力都可以使它快速传播，因此它常与尘埃为伍，简直无孔不入。除居室物品，食品厂房仓库，动、植物纤维为它提供必要的生活场所和食物外，人体每天脱落的5000万个皮肤鳞屑，以及家养宠物的坏死细胞，都是它们的美餐，螨虫靠这些食物繁衍后代。

螨虫在繁殖时，会排泄出衍生物P1，这些衍生物作为人们的异体蛋白，经由呼吸道进入肺泡，可以使50%以上的体质过敏者产生反应，出现哮喘、过敏性鼻炎和过敏性皮炎三种症状。这些症状可以在同一病人身上伴发其中的两种，也有的三种症状交替出现。也有的会因螨虫而出现慢性荨麻症。螨虫还能够传播酒糟鼻子、毛囊炎等疾病。

　　人疥螨是寄生于人体皮肤内的节肢动物。体长0.5 ~ 1毫米。体型很小，呈半球状，乳白色。人疥螨寄生在人体皮肤内，能钻凿隧道，深达1厘米。雌性将受精卵产于底部。每个雌性一生可产卵15 ~ 20枚。幼体孵出后爬到隧道外，不久在隧道浅部生长蜕皮数次之后发育为成体。雄性在交配后不久死去。从卵发育到成体需要大约10 ~ 14天。成体寿命为1 ~ 2个月。人疥螨能引起疥疮。患部有轻微发红、丘疹和水泡等症状，很痒。经过接触方式进行传播。

　　粉尘螨感觉器官比较发达，也很灵敏。它们既能忍耐饥饿，但是在遇到食物的时候也很能吃。粉尘螨通常依附在各种粮食的粉末上以及褥垫、衣物的尘屑中，有时可在物体上面覆盖厚厚的一层，不少还伴随尘埃漂浮在空中，因此视觉难以觉察，但却每时每刻在与你碰面，逍遥法外。

　　有种螨叫做日本恙虫，最初在日本发现，后来发现我国沿海一带也很普遍。因为多在秋季发病，所以又称秋恙虫。在它的生活史当中，要寄生植物，动物和人类，相当复杂。成虫像红蜘蛛一样，寄生在甘薯、马铃薯、茄子等植株上，吮吸液汁，等到本身成熟，就离开植株，产卵子泥土中。孵出的第一期幼虫，特别爱好野鼠，到野鼠的耳壳内寄生，也能爬到放牧野外的牛、马身上寄生。到了动物身上，它们就放弃了素食习性，而改变胃口，变成一个饕餮的吸血鬼。寄生若干日后，又回到泥土中蜕皮——一共要蜕4次皮。出土后的第二期幼虫，荤食胃口愈来愈大，凶相毕露，变为侵袭人类的凶手，它们会抓住一切可乘之机，向人们进攻，被荼毒的人，常在腹股间发现它们的足迹，并且会感到奇痒难受，伴随高烧，如果这时并发肺炎或其他疾病，就容易遭到不测，一命呜呼！